대책 없이, 요르단

대책 없이,
요르단

초판인쇄 2020년 6월 15일
초판발행 2020년 6월 15일

글. 사진 김구연 · 김광일
펴낸이 채종준
기획 · 편집 이아연
디자인 서혜선
마케팅 문선영

펴낸곳 한국학술정보(주)
주 소 경기도 파주시 회동길 230(문발동)
전 화 031-908-3181(대표)
팩 스 031-908-3189
홈페이지 http://ebook.kstudy.com
E-mail 출판사업부 publish@kstudy.com
등 록 제일산-115호(2000. 6. 19)

ISBN 978-89-268-9972-4 03980

대책 없이,
요르단

글과 사진

김구연
김광일

머릿속 세계지도에
흐릿한 곳,
중동으로

우리가 '기자'라는 부담스런 직함을 받아 든 건 지난 2015년. 첫 발령지는 두 사람 모두 사회부였다. 그리고는 사건 · 사고 현장에 말 그대로 '던져졌다'. 찌를 듯한 열 정과 진지한 사명감으로 현장을 좌충우돌 누볐는데, 돌 아보면 서투른 풋내기에 불과했던 것 같다. 가끔 어깨를 으쓱할 만한 성과를 내보일 때도 있었지만 동경하던 선 배 기자들을 흉내 내는 수준이었다.

선배들은 스스로 일어설 때까지 도와주지 않는 엄마 기린처럼 한 발짝씩 물러나 있었다. 스스로 땅에 발을 내딛고 고개를 쳐들 때까지 부모의 마음으로 지켜봤을 것이라 짐작한다. 그러는 동안 우리는 각자 맡겨진 막막한 현장에서 서로를 찾았다. 매일 아침 전화를 붙잡고 어느 날은 불평을, 어느 날은 격려를, 또 어느 날은 실없는 농을 주고받았다. 주변에서 '마치 부부 같다'는 농담을 들을 정도였다.

어느새 6년차가 됐다. 이제 취재도, 그리고 기사 쓰는 것도 제법 익숙해졌다. 하지만 삶의 고민은 오히려 더 무거워졌다. 더 좋은 기사를 써야하는 책임은 물론이거니와 결혼과 육아, 재테크, 내 집 마련, 그리고 부모님 모시기까지…. 멀게만 느껴졌던 통과의례가 성큼성큼 다가오는 요즘이다. 잠깐이라도 삶의 무게와 복잡한 고민에서 벗어날 순 없을까. 근심, 걱정 없는 철부지처럼 말이다.

다행히 혼자만의 고민은 아니었다. 종종 술잔을 기울이며 서로에게 푸념을 털어놓는 소소한 날들이 위로가 됐다. 지금은 정치부 국회팀에서 함께 근무하고 있는 우리는, 같은 근심 같은 걱정을 안고 사는 동갑내기 친구다.

때마침 긴 휴가가 허락됐다. 정치부 기자들에게 2주가 주어진 건 창사 이래 처음이라고 한다. 일과 삶의 균형, 이른바 '워라밸'이 시대적 화두로 떠오르면서 장시간 노동에 익숙한 언론계에도 새로운 바람이 불었고, 고맙게도 회사에서 나름 파격적인 변화를 보인 것이다. 역시 기독교방송 CBS, 주님의 은총이 가득한 회사다. 할렐루야! 덕분에 우리는 같이 여행을 떠날 수 있었다. 어쩌면 이렇게 둘이서는 마지막 여행이 될 수도 있다는 생각을 나눴다.

우리는 모험을 떠나기로 했다. 모처럼 주어진 긴 시간, 좀 더 독특하고 남다르게 보내고 싶었다. 미지의 세계에 발을 내딛는 그런 여행은 어떨까. 청춘을 불태우고 넘치는 에너지를 쏟아 부을 그런 곳 말이다. 그래서 '핫 플레이스'를 찾기보다 세계지도를 뒤져보며 낯선 곳을 찾았다.

왜 하필 요르단이냐고? 지구본을 몇 차례 돌렸을 때 우리 시선이 딱 꽂힌 곳이 바로 중동, 요르단이었다. 지리적 거리보다 심리적 거리가 더 멀고, 그래서 우리네 머릿속 세계지도에 흐릿하게 존재한다는 게 외려 매력적이었다. 더구나 중동 국가 가운데 비자 발급이 쉽고 치안도 비교적 안정적이라고 하니 이제 더 따질 게 없었다. 사해와 홍해가 일렁이는 나라, 영화 '알라딘'과 '인디아나 존스'의 무대. 32살 두 남자의 가슴에 잔존했던 모험심은 요, 르, 단, 이라는 세 글자에 꿈틀대기 시작했다.

요르단에서 겪은 일주일의 기록을 생생하게 적었다. 그래도 배운 게 기자 질이라고, 현장을 스케치하고, 여러 상황과 감정을 기록으로 남겨두는 일은 이제 제법 손에 익은 우리들이다. 취재 현장, 아니 여행지에서 일거수일투족을 세세하게, 정말 피곤할 정도로 적었다. 졸린 눈을 부비며 "여기까지 와서 이 짓을 왜 또 하고 있냐"라고 푸념하면서도 쓰고 또 썼다.

이 책은 하루하루 치열하게 살아가던 두 국회 출입기자의 '일상탈출 해외도피 이야기'이자 아직은 도전하고 부딪치는 게 즐거운 '청춘 어드벤처 여행기'다. 여행을 통한 깨달음을 전파하는 '진지충'식 전개를 최대한 피하고, 현장의 생생함과 우리들의 팔팔함을 담고자 노력했다. 미지 세계, 요르단 여행을 준비하시는 분들을 위해서는 '꿀팁' 여행정보를 함께 담았다. 물론 '덥고 불편한 여행은 싫다' 하셔도 좋다. 책장을 펼치고 딱 하루 정도면, '방구석 사막 여행' 다녀올 수 있을 것이다.

우리는 여행 중 펜과 카메라를 함께 들었다. 현장에서 사진기, 액션캠, 그리고 스마트폰으로 찍은 영상은 나중에 돌아와 직접 편집했다. 거칠고 조악하지만 전문적인 영상보다 실제 모습을 더 생생하게 느낄 수 있을 것이다. QR코드를 이용해 책 곳곳에 달아 놨으니 스마트폰으로 찍어 여행에 동행하길 바란다.

자, 그럼 이제 떠나볼까. 어드벤처 인 요르단!

아카바 트레블러

바다와 사막, 반전의 이집트

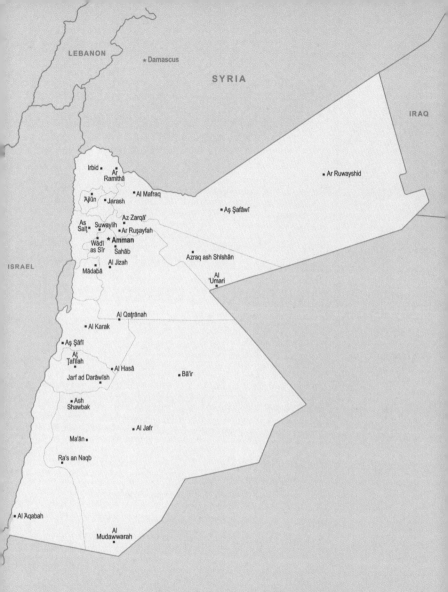

1

암만, 앗사라말라이쿰

01

형이 왜 거기서 나와?

영상으로 보기

#광일

휴가 전 마지막 날 퇴근이 이렇게 늦어질 것이라고 누가 상상이나 했을까. 미리 예측했더라면 다음 날 새벽 1시에 출발하는 비행기를 예약하는 바보 같은 짓은 하지 않았을 것이다. 하기야 한 치 앞도 예상할 수 없는 게 국회 기자의 일상인데, 한 달 전에 덜컥 비행기 티켓을 결제한 우리가 어리석었다. 하루라도 빨리 떠나겠다는 욕심 때문에 이렇게 안절부절 못하는 처지가 됐다.

문재인 대통령이 조국 전 청와대 민정수석을 신임 법무부장

관에 내정한 게 바로 어제 일이었다. 이후 야당이 격하게 반발하면서 정치부 기자들도 비상이 걸렸다. 원래 싸움이 커지면 해설자도 바빠지는 법. 나에겐 야당의 검증 포인트를, 구연에 겐 여당의 방어논리를 각각 취재해 기사로 쓰라는 지시가 오후 늦게 떨어졌다. 퇴근 후 집에 금방 들렀다 바로 공항으로 가려던 우리에겐 청천벽력이었다.

이때부터 내 귀에는 거의 휴대전화가 달라붙어 있었다. 야당 입장을 듣기 위해 안면이 있는 국회의원들에게 전화를 돌렸다. 뚜…뚜…뚜…. 다들 바쁜가 보다. 꼭 이렇게 마음이 급할 때면 연결이 특히 더 어렵다. 결국 답답한 마음에 국회의원 사무실을 직접 찾아 나섰다. 기자들이 있는 국회의사당 본관과 의원들이 머무는 의원회관은 100m 남짓. 가는 길에 구연을 마주쳤다. 표정이 여유로웠다.

🙂 취재 좀 됐어?
🙂 어, 난 이제 돌아가서 쓰기만 하면 되겠어.
🙂 진짜? 난 좀 걸릴 것 같은데……. 비행기 시간이

걱정이다. 다 되면 일단 너 먼저 가.

 알았어. 얼른 해 봐봐.

정신없이 일을 마치고, 집에 들러 짐을 챙기고, 그렇게 허겁지겁 공항에 도착했을 땐 밤 11시쯤이었다. 하……. 다행히 이륙까지 2시간이 남았다. 살았다! 먼저 도착해 기다리던 구연도 내 모습을 보고 가슴을 쓸었다. 우리는 먼저 체크인 부스에 들러 수하물을 부쳤다. 묵직한 캐리어 가방이 두 손을 떠나자 마음도 한결 가벼워졌다. 이제 진짜 떠나는 일만 남았구나.

위기 뒤에는 뜻밖의 행운이 찾아왔다. 항공사에서 일반 이코노미석 자리가 부족하다고, 프리미엄 좌석으로 업그레이드를 해 준 것이다. 공항에 늦게 온 덕에 누릴 수 있는 특혜가 아니었을까. 키가 커서 장시간 비행을 유독 불편해하는 내겐 더없는 기쁨이었다. 게다가 항공사 직원은 '곧 탑승이 시작 된다'며 우리에게 노란색 카드 한 장을 내밀었다. '패스트 트랙(Fast Track).' 처음 받아보는 카드지만, 이름만으로도 용도를 추정할 수 있었다. 입국 수속에서 '합법적 새치기 권한'을 부여 받았다.

패스트 트랙이라……. 우리에겐 꽤나 친숙한 이름이었다. 이는 정치권에선 국회가 주요 안건을 '신속 처리'하도록 지정하는 전략을 일컫는다. 여야가 의사결정을 머뭇대며 질질 끌지 못하게 하기 위해 고안된 제도다. 2019년 여의도에서 벌어진 큰 갈등은, 사실 여기서 출발했다. 여야는 심지어 선거제 개편안과 고위공직자 범죄수사처, 검·경 수사권 조정안을 패스트 트랙에 상정하는 문제로 며칠간 격한 몸싸움을 벌이기도 했다. "야, 패트래 패트" 우리는 익숙한 그 단어를 듣고 둘 다 헛웃음을 보였다. 왜 웃었을까. 그게 우리네 일상의 처연한 신세에 대한 조소였을까, 아니면 드디어 여행이 시작됐다는 홀가분함에 기인한 것이었을까. 어쩌면 둘 다였을 지도 모르겠다.

고된 하루를 보낸 나는 비행기 좌석에 앉자마자 골아 떨어졌다. 뒷자리에 앉은 구연도 마찬가지였다고 한다. 경유지인 아랍 에미리트 아부다비 공항까지는 10시간 만에 도착했다. 우리는 기지개 한 번 시원하게 켜고 경유지 수속을 밟기 시작했다. 생경한 아랍어 표지판을 보니, 중동에 와 있는 게 실감이 났다. 얼마 전까지 갑갑한 여의도에서 헤매고 있었는데 이렇게 갑자기 중동이라니! 어깨가 들썩였다. 조금 헤매도, 준비가 되어있지 않아도, 혹 동행하는 벗과 티격태격하더라도, 그래도 괜찮을 것 같았다. 모든 게 신기한 이곳 중동에서라면.

　환승 게이트로 가는 길. 우린 쉴 새 없이 떠들었다. 목소리 톤은 평소보다 높아졌고 마음이 가벼워서 그런지 발걸음도 빨랐다. 그 덕에 자연스레 옆 사람들을 추월했다. 그때, 왼쪽에서 나란히 걷던 구연이 말했다.

> 너 아랍어는 좀 아냐?
>
> 아니, 전혀. 인사말도 모르겠다야.
>
> 그것도 모르면서 무슨 요르단이냐. '앗살라말레이~쿰!' 이거잖아.
>
> 올~. 근데 넌 어떻게 아냐?
>
> 예전에 미국서 유학할 때, 사우디 친구한테 배웠지
>
> 헉, 미국 유학을 갔었어? 난 처음 듣네.

많이 안다고 생각했는데, 정작 이런 사소한 것도 몰랐다니, 좀 멋쩍어졌다. 그때였다. 구연의 왼쪽에서 별안간 누군가 말을 걸어왔다. 우리와 같은 방향으로 걷던 사람이었다.

"혹시, 구연이 아니야?"

헉! 아부다비에서 지인을 만나다니. 우리는 동시에 고개를 돌려 왼쪽을 바라봤다. 그런데, 이게 웬 걸, 내게도 낯익은 얼굴이었다. 또 다른 회사 동기, 재림이 형이었다. 이럴 수가 있나? '형이 거기서 왜 나와?' 너무 놀라서 다리가 풀렸다. 거의 주저앉을 뻔했다. 여기서 형을 만나다니……. 그는 휴가차 그리스 아테네로 가는 길이었고, 우리는 끊임없이 '대박'이라 외쳤다. 이번 여행, 벌써부터 뭔가 심상치 않다.

아부다비공항 탑승구 앞 매점에 모여앉은 재림, 광일, 구연(왼쪽부터)

매점에 모여 두런두런 얘기를 나눈 뒤 형을 보내고 다시 구연과 둘만 남았다. 3시간이나 더 남은 요르단 암만행 비행기를 기다리며 우리는 끊임없이 얘기를 나눴다. 매일 만나던 사이인데 뭐 이렇게 할 말이 많은지 모르겠다. 연애담, 축구 얘기, 회사 욕, 그러다 별안간 '참 기자'가 되어 언론 지형을 분석했다. 그렇게 시간을 때워도 여유가 생기자, 요르단 문화유산에 관한 유튜브 영상을 각자의 스마트폰으로 보기 시작했다. 다만 구연의 목은 이때부터 10분도 채 되지 않아 앞쪽으로 축 늘어졌다. 그새 잠이 들었구나. 그래, 피곤했겠지. 그런데 그 순간, 어라, 나도 잠이 몰려왔다.

잠들기 전 게이트 쪽을 확인했다. 우리가 기다리던 46번 게이트는 여전히 닫혀 있고, 준비하는 승무원도 보이지 않았다. 이상한데……. 어딘가 불안했다. 혹시나 싶어서, 카페 앞으로 나가 다른 게이트를 살폈다. 그런데 43번 게이트에 '암만'이라고 떡하니 적혀 있는 게 아닌가. 그럴 리가……. 때마침 그쪽에서 항공사 직원이 달려왔다. 당황한 내 표정을 읽었나 보다.

항공사 직원 : 암만 가시는 승객이죠?

네, 그런데요.

항공사 직원 : 얼른 오세요. 여러분이 마지막입니다. 다른 분들은 이미 모두 탔어요.

헉! 구연아, 일어나. 우리 당장 가야 돼!

인천을 떠난 지 18시간 만에 저 밑 요르단의 황량한 영토가 눈에 들어왔다.

02

5디나르,
이거 먹고 떨어져라

#광일

　나는 외국으로 여행이나 출장을 갈 때, 사전에 꼼꼼히 준비하지 않는 편이다. 일정에 얽매이지 않는 자유로움이 좋고, 즉흥적으로 다닐 때 더 다채로운 여행이 가능하다고 믿기 때문이다. 그래도 꼭 챙기는 게 있는데, 바로 공항 정보다. 도착하자마자 어디서 환전을 하고, 어떻게 심카드(SIM CARD)를 사고, 무엇을 타고 숙소로 이동할지 미리 숙지하려 한다. 공항에서 시간만 허비하는 불상사를 피하기 위해서다. 그럴 경우 특히 스마트폰 와이파이까지 제 기능을 하지 못한다면 낭패를 볼 수 있다.

　우리가 아부다비에서 세 시간쯤 날아 도착한 곳은 암만 공
항, 요르단의 수도였다. 어디나 그렇듯 수도의 국제공항은 별
로 특색이 없었다. 그러니 굳이 오래 남아 있을 이유도 없고,
얼른 숙소가 있는 구도심으로 넘어가려 했다. 첫 과제인 환전은
비교적 간단했다. 공항 환전소의 환율이 그리 좋지 못한 까닭
에, 하루치 숙박비와 생활비 정도만 현지 화폐 '디나르(Dinar)'로
바꿨다. 다음은 심카드. 요르단에서 기지국이 가장 촘촘히 깔려

있는 것으로 알려진 Z사를 찾아 부스 앞에 섰다. 간판에는 한 달 동안 모바일 데이터를 최대 50GB까지 쓸 수 있다고 적혀 있었다. 하지만 그렇게까지 많이 쓸 것 같지는 않았다.

"다른 옵션은 없나요?" 내가 물었다. 15GB나 25GB까지 쓸 수 있는 요금제도 있다는 답은 그제야 들을 수 있었다. 뭐야, 괜히 비싼 걸 살 뻔했잖아. 일단 구연은 15GB, 나는 잠시 고민하다 넉넉하게 25GB 요금제를 골랐다. 주문을 접수한 직원은, 곧바로 컴퓨터에 무언가를 하나씩 입력하기 시작했다. 나름 진지한 표정으로 마우스를 딸깍거렸다. 그런데 잠깐, 데이터를 그렇게 많이 쓸 일이 있을까? 하루 종일 구연과 함께 다닐 거고, 사막에선 인터넷 연결도 잘 되지 않는다는데 15GB면 충분하겠다는 생각이 들었다.

잠시만요. 저도 15GB로 바꿔주세요.

직원: 늦었어요.

아직 등록 안 됐잖아요. 바꿔주세요.

직원: 이미 페이지에 입력했어요. 전 단계로 돌아

갈 수가 없어요.

　시작이구나. 우린 물러설 생각이 추호도 없었다. 여행 시작부터 당하고만 있을 순 없었다. 민머리의 까무잡잡한 피부, 덩치는 나보다 2배는 큰 것 같아 겁도 났지만 우린 둘이다. 선빵은 구연이 날렸다. 영어를 나름 유창하게 썼다. 다 알아들을 수는 없었지만 대충 '말이 안 된다. 이해할 수 없다'는 내용이었다. 강공으로 밀어붙이자 직원은 당황한 표정이 역력했다. 그러나 혹여 이렇게 계속 팽팽히 맞설 경우 불리하게 될 건 시간적 여유가 없는 우리 쪽이 될 터. 퇴로를 열어줘야겠다는 계산에 '다시 해 보면 될 것'이라고 부추겼다. 직원은 제법 진지한 표정으로 모니터를 바라봤고, 곧이어 'OK' 사인을 보냈다. 것봐라, 되잖아. 이렇게 아낀 돈은 몇 천원에 불과하지만, 우린 그보다 더 큰 자신감을 얻었다.

　그것도 잠시. 한 현지인이 다가와 '어디까지 가냐'고 물었다. 택시 흥정이었다. 암만 시내까지 버스를 타고 갈 계획이라고 설명했지만 막무가내였다. 공항 청사 출입구를 빠져나가기 전부터 반대편 버스 승차장까지 이런 택시기사들이 차례로 붙었다. 간신히 떼어낸 뒤 차에 올랐다. 45인승쯤 돼 보이는 대형 버스였다. 나는 금세 지쳤는지 등받이에 기대어 졸다가, 이국적인 창밖 풍경에 감탄하기를 반복했다.

그렇게 30분, 종점에 다다랐다. 내리자마자 택시 호객꾼들에게 둘러싸였다. 요금 시세를 잘 몰랐지만, 미터기 요금으로 받는다기에 가장 먼저 접근한 이에게 우리 몸을 맡겼다. 아무렴 미터기를 조작하진 않겠지. 날도 더운데 여기서 실랑이하고 싶지 않았다. 이어 택시를 타고 도시 중심으로 들어갈수록 눈앞에는 계속 신비한 장면이 펼쳐졌다. 사방에 솟은 구릉 지형에, 네모반듯한 건물이 잔뜩 늘어서 있었다. 높이도 일정했다. 높아봐야 5~6층 정도. 건물 대부분은 상아색 계열, 사막을 닮았다. 같은 색 페인트로 통일한 건지 아니면 기반암 색이 그대로 나타난 건지 모르겠지만, 누구 하나 튀겠다고 욕심 부리지 않고 규칙을 지켰기 때문에 가능한 모습이 아닐까. 생각이 많았던 내게, 기사가 말을 걸어왔다.

 기사: 두 분, 내일은 어디로 가십니까?

 사해 그리고 페트라요.

 기사: 버스 타면 오래 걸릴 텐데, 제가 택시투어 프
로그램도 하고 있습니다. 싸게 모실 수 있습니다.

 아 괜찮아요. 우린 렌터카를 빌려놨거든요.

그는 쉽게 포기하지 않았다. 때문에 그가 서랍에서 꺼낸 팸
플릿을 잠시 억지로 보는 척을 해야 했다. 직접 손으로 짚어가

며 설명했지만 눈에 들어오지 않았다. 렌터카로 예약한 SUV를 운전해 사막 한가운데를 가로지르는 로망을 포기하고 싶지 않았기 때문이다. 이후에도 그런 설득과 거절은 몇 차례 반복됐다. '숨겨진 명소'로 안내하겠다는 제안에도 듣는 둥 마는 둥했다.

그러다 택시는 느닷없이 왼쪽으로 확 꺾었다. 모퉁이를 돌아 진입한 곳은 황당하게도, 주유소였다. 기사는 창문을 열어 휘발유를 얼마만큼 넣어 달라고 주문했다. 아니, 손님 태우고 주유를 하는 경우가 도대체 어디 있나. 상식 밖의 행동이었지만, 괜히 분위기 싸하게 만들고 싶지 않아서 당장 항의하지는 않았다. 투어 제안을 거절한 게 미안하기도 하고……

하지만 주유소에서 빠져나온 뒤로, 태도 자체가 달라졌다. 기사는 우리에게 숙소 앞 도심은 차가 너무 막힌다고, 내려서 걸어갈 것을 권했다. 여기서 100m 정도만 가면 된 다고, 걷는 게 더 빠를 수 있다고 했다. 우린 잠시 머뭇거렸다. 이런 경우 대체로 목소리 큰 놈이, 아니 기 센 놈이 이긴다. 뭐, 눈을 들어 보니 저 앞에 교통체증이 심하다는 이 사람 말도 거짓은 아니라는 걸 확인할 수 있었다. 그래, 좀 걷지 뭐. 미터기에 찍힌 5

디나르를 현지 화폐로 기사에게 건넸다. 우리 돈으로 2만 원쯤 되는 돈이다. '이거 먹고 떨어져라' 하고 속으로 말한 뒤 차 문을 연 순간, 별안간 고함 소리가 들렸다.

"팁은? 팁 줘야지!" 아니 이렇게 뻔뻔한 경우가 다 있나. 목적지까지 데려다주지도 않았는데 팁까지 달라고? "싫어. 잔돈도 없어. 그냥 가…….." 한참을 옥신각신하다 주머니에 있던 1디나르를 넘겨주는 선에서 협상을 마쳤다. 눈 뜨고 코 베인 셈이었다. 100m만 가면 숙소가 나온다는 말도 사실과 달랐다. 거기서부터 10분 넘게 더 걸어야 했다. 꽉 찬 캐리어 가방을 울퉁불퉁한 바닥에 '드르륵'하고 끌면서 말이다. 하…….. 만만치 않은 곳이구나. 이곳처럼 이미 오래 전부터 관광지로 자리 잡은 곳에선, 보통 뭣 모르는 외국인에게 값을 부풀리기 일쑤다. 앞으로 뭘 하나 사더라도 꼼꼼히 따져 봐야겠다. 조심해야 한다. '눈탱이' 맞을라.

그렇게 찾아간 구시가지 한복판. 볼품없는 작은 표지판에는 '클리프 호텔(Cliff Hotel)'이라는 글씨가 삐뚤빼뚤 적혀 있었다.

우린 화살표를 따라 폭이 3m남짓 되는 좁은 골목으로 들어갔다. 왼쪽 음식점에선 생선 굽는 냄새가 코를 찔렀고 오른쪽 상점에서는 오수가 흘러나오고 있었다. 바닥에 흥건한 오수를 피하기 위해 끌고 오던 캐리어는 한손으로 힘껏 들어야 했다.

건물에 진입해 비좁은 계단을 오를 때도 캐리어를 들고 뒤뚱뒤뚱 걸어야 했다. 엘리베이터가 없던 터라 3층까지 그렇게 올랐다. 숙소는 이름만 호텔이지 호스텔 수준이었다. 긴 복도 좌우엔 고시원마냥 방문이 다닥다닥 늘어섰고, 중간에 공용 화장실과 샤워실이 있었다. 방마다 호수가 적혀있지 않았기에 우리가 묵을 방은 '화장실 지나 왼쪽 첫 번째 방'으로 기억할 수밖에 없었다. 관리인이 꺼낸 열쇠는 중세시대 성당 대문에나 어울릴 것 같은 커다란 것이었다. 다행히 문을 여는 데는 무리가 없었다.

룸 컨디션도 형편없었다. 2인실 요금이 우리 돈 2만 7천원이라는 걸 보고 어느 정도 눈치는 챘지만 생각보다 더 심했다. 2~3평 규모의 아담한 공간. 침대 2개가 각각 좌우 양쪽 벽에 붙어 있었고, 문 바로 왼쪽에는 난데없이 세면대가 놓였다. 문제는 방음이었다. 맞은편 건물 카페 테라스에서 흘러나오는 대화 소리와 차들이 '빵빵'거리며 지나가는 소리가 창을 뚫고 들어왔다. 창문을 닫아보기도 했지만 허사였다. 알고 보니 틈이 적잖이 벌어져 있었다. 그리고 천장에는 에어컨 대신 거대한 선풍기가 떡하니 달려 있었다. 균형이 맞지 않는 건지, 달그락 달그락, 휘청거렸다. 험한 상상이 뒤따랐다. 밤에 자다가, 저게 부러져서 침대 위로 떨어지면 저세상 직행이겠지.

예상했지만, 그리고 의도했지만, 이번 여행도 단란한 휴가가 되기는 글러먹은 것 같다. 신나지만 불편하고 고되지만 진한 추억을 남길 '극기 훈련' 같은 시간이 되겠다. '우리가 대학생도 아니고, 꼭 이래야 되겠느냐'는 구연의 말에 쉬이 답하지 못했지만, 솔직히 나는 걱정보단 기대가 컸다.

클리프 호텔 객실 내부와 발코니에서 내려다 본 주변 거리

암만, 앗사라말라이쿰

땀으로 범벅이 된 옷을 새것으로 갈아입은 뒤 진짜 여정을 시작했다. 첫 번째 목적지는 '시타델(Citadel)'이었다. 시타델은 암만 중심에 있는 언덕배기, 그 꼭대기에 있는 옛 성터이자 신전이다. 이슬람보다는 과거 로마 문화의 영향으로 만들어진 곳 같아 보였다. 사실 성이나 신전에는 크게 관심 없었지만, 탁 트인 시내 전경을 한눈에 볼 수 있다는 게 매력적이라 이곳을 가장 먼저 찾았다.

멀지는 않았다. 숙소에서 직선거리로 500m. 뚜벅뚜벅 걷다 구불구불한 언덕길이 나오자 택시를 잡았다. 기사들은 대부분 4~5디나르를 요구했지만, 깎고 깎아서 2디나르에 잡았다. 문제는 지갑에 있는 화폐단위 중 가장 작은 게 10디나르였다는 점. 기사도 그걸 거슬러 줄 8디나르는 없다고 했다. 어떡하지. 그렇다고 10디나르, 그러니까 우리 돈으로 4만원이나 되는 돈을 다 내긴 아깝고⋯⋯. 결국 10디나르를 내고 그가 가진 잔돈 전부, 6.5디나르를 받았다. 아깝지만 다른 방도가 없었다.

기사와 내가 실랑이하는 동안 구연은 이미 멀찌감치 걸어가 능선 아래를 촬영하고 있었다. 이제 막 사진이라는 취미에 입문하는 단계라지만 DSLR 카메라를 든 그의 표정이 사뭇 진지해 보였다. 얼른 뒤따라가 옆자리에 섰다. 나 역시 가방에서 작은 미러리스 카메라를 꺼냈다. 눈앞에 보이는 이국적인 풍경을 조금이라도 더 멋지게 담고자 여기서 30분 넘게 셔터를 눌렀다. 이후 시타델 안쪽에 들어가서도 우리의 시선과 카메라 초점은 성벽이나 신전보다 반대편 언덕 쪽을 향해 있었다. 2세기 로마가 지었다는 헤라클레스 신전을 비롯한 유적들이 있었지만, 우리에겐 그보다 이 암만이란 도시 자체가 더 이국적이고 이색적으로 다가왔다.

대책 없이, 요르단

땅도, 건물도 모두 누런 모래 빛을 띄었다. 둘이 같은 색을 내는 게 어쩌면 당연할 지도 모르겠다. 서울 빌딩 숲이 화강암의 잿빛을 닮은 것처럼. 특별히 엉뚱한 색을 가져와 칠하지 않는다면 기반암의 색이 그대로 나타나는 게 자연스러운 일일 게다. 개성 없는 직사각형 건물들이 나란히 서 있는 것도 이젠 좀 귀엽게 느껴진다. 너무 너그럽게만 해석하는 것 아니냐고? 물론 그럴지도 모르겠다. 하지만 아무렴, 저마다 '내가 낫네, 네가 낫네' 하며 젠체하는 서울의 빌딩 숲보다 훨씬 안정적이지 않은가.

☑ 꿀팁 대방출!

시타델 언덕에 위치한 관광 경찰서

치안은 어떨까? 테러는 없을까?

가장 우려되는 지점일 수 있다. 그러나 따져 보면 생각만큼 그렇게 위험한 곳은 아니라는 걸 알 수 있다. 외교부 '해외안전여행' 지표를 보면 요르단은 지난 2010년부터 1단계 경보인 '여행 유의' 지역으로 분류돼 왔다. 유럽의 프랑스나 스페인 지역과 같은 단계다. 중동 지역 상당수가 3단계 '철수 권고'나 4단계 '여행 금지'로 분류된다는 점을 고려하면 비교적 안전한 곳으로 평가된 셈이다. (다만 시리아·이라크 접경 지역은 2016년 2단계 '여행 자제'로 상향 조정됐다. 또 2020년 신종 코로나바이러스 감염증 확산으로 전 세계에 일괄 적용된 특별여행주의보를 피해가지 못했다.)

석유가 한 방울도 나오지 않는 요르단은 관광업 의존도가 높다. 때문에 관광객 치안에 각별한 주의를 기울이고 있다. 또 음주 문화가 발달하지 않아 취객에 의한 불상사도 거의 없다고 한다. 암만의 시타델, 사해, 페트라 등 주요 관광지엔 경찰관이 배치돼 있고, 이들은 여행자가 마음 편히 걷고, 둘러보고, 사진 찍을 수 있도록 삼엄한 경비 태세를 유지하고 있다. 물론 해외 어디나 그렇듯 야심한 시간, 으슥하고 한적한 곳은 피하는 게 좋다.

요르단에서 한식을?

한국에서 요르단 식당 찾기 어렵듯, 요르단에서 한국 식당 찾기란 쉽지 않다. 그러나 K-POP과 드라마 등 한류가 인기를 끌면서 2019년 드디어 암만 시내에 한식당이 문을 열었다. 레인보우 거리(Rainbow Street) '비빔(BIBIM)'에서는 다양한 메뉴의 한식 요리를 맛볼 수 있다. 돌솥비빔밥부터 김치볶음밥 등 든든한 식사부터 떡볶이, 라면 심지어 곰탕까지. 가격은 메뉴당 7~10디나르 정도다. (주소 : Rainbow st. 34, Amman.)

03

요르단에 갇힌
칼리드의 꿈

#구연

요지경 세상사 온갖 별꼴을 다 보는 국회를 떠나 낯선 도시를 구석구석 살펴보는 재미도 정수리를 뜨겁게 달구는 땡볕 아래서는 오래가지 못했다. 인사청문회니 국회일정 합의니 뭐니 봇물처럼 밀려오는 일거리에 온종일 시달리다 반일 동안 비행기를 타고 날아 온 우리의 심신은 말라가는 새싹처럼 시들시들해졌다. 일단 다시 호텔로 퇴각하자.

문제는 또다시 택시 기사들과 지난한 택시비 협상을 해야 한다는 점이다. 국회에서 하루 종일 여야의 줄다리기 협상을 취재하는 우리로서는 협상이란 단어 자체에 학을 뗀다. 특히 매년 새해 예산안을 심사할 때면 새벽 2~3시를 넘기는 일이 부지기수고, 기자들은 회의실 앞에서 한없이 기다리는 속칭 '뻗치기'에 돌입해야 했다. '여야는 마침내 합의했습니다'란 한 마디를 들을 때까지 얼마나 많은 취재와 기다림이 있었던가. 근데 또 여기까지 와서도 택시 기사들과 합의를 봐야 한다니. 프랑스 철학가 장 폴 샤르트르는 '인생은 선택의 연속'이라고 하던데, 나는 '인생은 합의의 연속'이라고 생각했다.

호텔까지 단 10분 거리. 우리의 마지노선은 3디나르였다. 그 이상은 죽어도 못준다고 서로 결연하게 약속했다. 2디나르가 아까워서가 아니라 요르단 눈탱이에 맞선 우리의 결기였다. 3디나르에 합의하지 않으면 차라리 그냥 걸어가리라. 우리의 단호한 태도에 택시 기사들은 고개를 절레절레 흔들며 떠나갔다. 그렇게 첫 번째, 두 번째, 세 번째 기사를 돌려보내자, 옆에서 담배를 태우며 우리를 지켜보던 어느 택시기사가 3디나르에 태워주겠다고 선뜻 나섰다.

하얀 머리와 턱수염을 가진 백인 남성이었다. 그의 곁에는 하얀색 아반떼가 멀끔하게 주차돼 있었다. 우리는 재차 '3디나르?'라고 확인했고, 그는 곧바로 '오케이'라 답했다. 싱거운 협상에 살짝 힘이 빠지면서도 땡볕을 피할 생각에 신이 나 재빨리 차에 올랐다. 여타 다른 택시들의 쿠리쿠리한 가죽 냄새 대신 청신한 빨래 비누 냄새가 났다. 택시 기사의 이름은 칼리드. 올해로 53살이다. "어디서 태어났어요?" 현지인이 아닐 것 같

아 불쑥 던진 나의 첫 질문이었다.

> (이미지) 칼리드 : 난 원래 이스라엘 사람이에요.
> (이미지) 이스라엘 사람이 왜 여기에서 일하나요?
> (이미지) 칼리드 : 내가 태어난 지 6개월 될 때쯤 가족들이
> 요르단으로 여행을 왔거든요. 그 이후로 요르단에
> 갇혔습니다.

갇혔다니. 귀를 의심할 정도로 황당한 얘기였다. 엄마 품에 안겨 국경을 넘었을 갓난아기가 어쩌다 발이 묶여 이렇게 긴 세월을 보냈단 말인지. 칼리드의 53년 타지 생활은 네 차례나 발발한 중동전쟁이 낳은 비극이었다. 팔레스타인과 유대인 사이에 내전이 벌어지고 있었는데, 1948년 유대인들이 '이스라엘 건국'을 선포하면서 요르단과 이집트, 시리아 등이 내전에 참전했다. 이게 1차 중동전쟁. 이후로 여러 정치적, 경제적, 종교적인 이유로 4차 중동전쟁까지 발생했다. 4차 중동전쟁이 1973년이니까, 약 25년 동안 전쟁과 휴전 등이 반복됐던 것. 이

런 시류에 휘말려 칼리드는 여태껏 이방인으로 살게 된 것이다.

전쟁의 비극은 칼리드의 삶을 지독하게 괴롭혔다고 한다. 전쟁터에서 포탄에 맞아 숨진 아버지와 가난에 허덕이다 병으로 세상을 떠난 어머니. 칼리드는 약관의 나이에 고아가 됐다. 그의 첫 직장은 자동차 정비소였다. 엔지니어로 9년간 일했던 칼리드는 가끔씩 찾아오는 외국인 손님을 만나는 게 즐거웠다고 한다. 국경 밖 미지의 세계에서 온 외국인들의 행동과 말씨, 옷차림, 피부색, 외국인 특유의 낯선 체취까지 모든 게 칼리드에게는 신세계를 탐험하는 여행이었다. 그래서 그는 혼자서 영어를 공부하면서 택시기사가 됐고, 이후 외국인들만 골라 태우는 일종의 외국인 전용 투어 택시기사가 됐다고 한다.

우리나라로 치면 전형적인 '흙수저'인 칼리드는 이제 어엿한 전문직 종사자이자 한 집의 가장이다. 아내가 있고, 슬하에 두 명의 자녀가 있다고 했다. 중년을 지나 황혼으로 향하는 그에게는 꿈이 있다고 했다. 죽기 전에 고향 이스라엘에 가보고 싶다는 것이었다.

하지만 칼리드는 이스라엘에 갈 수 없다. 그에게 비자가 나오지 않기 때문이란다. 이스라엘과 요르단은 1994년 평화협정을 체결했지만, 여전히 적대감이 상당하다. 전쟁의 불씨가 남아 있는 상황에서 일개 택시 기사에게 이스라엘 출입이 가능한 비자가 나오기란 사실상 불가능한 것이라고 칼리드는 설명했다.

> 칼리드 : 난 한 번도 외국에 나가본 적이 없어요. 외국에 거주하는 비자를 받으려면 통장에 돈이 넉넉해야 하는데, 그럴 형편이 안 되거든요. 그리고 요즘 사람들이 어디 무슬림을 반깁니까. 외국도 무슬림에 대한 입국 조건을 더 까다롭게 하고 있어요. 그러니 통 나갈 수가 없죠.

사해(Dead Sea) 너머로 보이는 고향. 택시기사 칼리드에겐 3시간이면 도착하고도 남을 지척에 놓인 고향은 그 어느 나라보다 먼 곳이었다. 우리나라의 실향민 마음이 이런 것일까. 사회부 기자 시절 여동생을 북한에 두고 왔다는 할머니와의 인터뷰가 떠올랐다. 할머니는 여동생의 생사조차 알지 못한다는 사실에 서러워 펑펑 울더니, 얘기를 들어줘서 고맙다며 눈물 젖은 손으로 내 손을 잡아주셨다. 칼리드의 담담한 고백 속에서 그 할머니의 체온이 묻어나는 것 같았다.

칼리드의 이야기를 듣는 사이 택시는 숙소 앞에 도착했다. 헤어지기 아쉬워 내리지 않고 조금 더 이야기를 나눴다. 그의 아내와 아이들, 월급, 요르단 음식 등 평범한 일상에 대한 소소한 행복 얘기였다. 우리는 3디나르를 합의하고 왔지만, 팁으로 2디나르를 더 줬다. 다른 기사들에게 그렇게 주기 싫었던 5디나르. 오늘만큼 마음 넉넉하게 합의를 이룬 일이 있었을까. 전쟁으로 얼룩진 나라에서 비극을 온 삶으로 버텨내면서도 꿈을 잃지 않았던 칼리드. 요즘 100세 시대라는데, 언젠가 이스라엘 방문이 꼭 이뤄졌으면 좋겠다. 기도할게 칼리드!

요르단 구시가지

요르단 시내에는 이처럼 현대화된 백화점도 있고, 이곳에서 환전도 할 수 있다.

04

시타델의 달밤

#구연

　시타델 언덕을 다시 찾은 건 늦은 밤이었다. 모래를 닮은 토막토막 낮은 건물들이 언덕 능선을 따라 줄지어 있는 암만의 야경을 한눈에 내려다보고 싶어서였다. 시타델 언덕 자체는 낮에 한 번 훑어봤던 공간이었기에 별다른 기대를 품지 않았다. 뜨문뜨문 위치한 가로등 아래 몇몇의 관광객들이 우리들처럼 야경을 즐기겠거니 생각했는데, 현실은 정반대의 모습이 연출되고 있었다. 문이 잠긴 시타델 유적지 앞에 수십 명의 현지인들이 무질서하게 널브러져 맥주를 마시고 시샤(물 담배) 연기를 뻐끔뻐끔 내뱉고 있었다. 아무렇게나 주차된 차 안에서는 이슬 람풍의 노래가 흘러나왔고, 사람들은 더위가 식은 도시를 만끽하듯 웃고 떠들었다. 특히 호리병 주둥이에 기다란 파이프가 연결되고, 그 파이프 위에 숯불을 올려놓고 호스로 연기를 내뿜는 시샤가 사방팔방에 널려 있는 장면은 진기한 풍경이었다. 무슬림 국가에서 술과 담배라니. 예상하지 않았던 자유롭고 무방비한 분위기에 묘한 해방감을 느꼈다. 낮이 관광객들의 성지였다면, 밤은 완벽히 현지인들의 무대였다.

우리는 나뭇가지가 시야에 걸리지 않는 장소를 물색해 자리를 틀고 앉아 암만의 야경을 감상하기 시작했다. 사막 도시의 야경이라. 상상해볼 실마리조차 없었던 신세계를 마주하는 기분으로 내려다본 야경은 비현실적일 정도로 생경하면서도 눈을 뗄 수 없는 매력을 발산하고 있었다. 불쑥불쑥 솟은 언덕을 따라 삐뚤빼뚤한 사각형 건물이 다닥다닥 붙어 있었는데, 모든 건물은 저마다 약속이라도 한 듯 노란색 빛을 발산하고 있었다. 서로 닮은 듯 닮지 않은 건물에서 일제히 같은 빛을 뿜어대는 경치는 삭막하면서도 생동감과 에너지가 넘쳐 보였다. 건물과 건물 사이로 우산 모양의 가로수가 빼꼼 솟아 있어 마치 레고 블록으로 만든 장난감 도시 같은 앙증맞고 귀여운 구석도 보였다.

도시의 사방면을 모두 눈과 가슴 그리고 카메라에 담겠다는 심산으로 시샤 언덕을 누비는데, 어라? 시타델 유적지 안에 누군가 있다. 경비원이겠지, 뭐. 근데 경비원치고는 너무나 크게 웃고 떠드는 저 여유. 뭔가 수상하다. 카메라 플래시를 번쩍 터뜨리며 포착한 장면은 현지인 커플의 데이트 현장이었다. 두 남녀가 다정하게 손을 잡고 한가로이 거닐고 있는 게 아닌가. 그들은 깜빡거린 내 플래시에도 아랑곳지 않고 꼭 붙어 다녔다. 나는 내 눈을 의심하며 출입문을 다시 한 번 쳐다봤다. 역시나 자물쇠로 단단히 잠겨 있다. 아니, 왜 이 시간에 사람들이 저길 걸어 다녀?

사실 시타델 유적지의 안과 밖을 나누는 울타리는 허술하기 짝이 없었다. 쇠창살로 돼 있는데, 높이가 그리 높지 않은 데다, 창살 사이가 넓어 배나온 아저씨가 아니라면 누구라도 쑥 들어갈 정도로 허술했다. 많은 현지인들은 이런 요식행위 수준에 그친 울타리를 넘어 암만의 야경 속으로 풍덩 빠져든 것이었다. 덩달아 나도 불경한 마음이 슬며시 고개를 들었다. 허술한 창살 너머로 환상적인 야경이 우릴 기다리는 것만 같았다.

🧑 야, 들어갈까?

내 솔깃한 제안에 광일의 동공이 흔들렸다. 시험 삼아 창살 사이에 머리를 넣어봤는데 역시나 쏙 들어갔다.

🧑 야, 이거 되겠다.
🧑 진짜?

광일도 한번 머리를 쏙 넣어봤다. 근데 우리나라로 치면 이곳은 경복궁쯤 되는 대표적인 관광지가 아닌가. 한국에서는 밤에 경복궁에 들어가면 꼼짝없이 경찰에 연행될 게 뻔한데, 이곳이라고 다를까. 모험심과 두려움 사이에 갈팡질팡하던 찰나,

🧑 근데 요르단에도 인권 같은 거 쳐줄까?

　기자다운 의심이었다. 일부 국가들 중에는 공권력 행사와 사법체계에 인권이라는 단어를 찾아볼 수 없을 정도로 험악하고 무지막지한 곳들이 있지 않은가. 이때 과거 사우디아라비아 친구가 '사우디에서는 도둑질을 몇 차례 하면 손목을 자른다'고 했던 얘기까지 불현 듯 머리를 스쳐지나갔다. 괜히 객기부리다 어떤 불상사를 당하려고. 다행히 합리적인 이성 기능이 작용했던 것 같다.

🧑 하지 말자.

　아쉬움을 뒤로하고 하늘을 올려다봤다. 창살 너머로 유유자적 연애하는 커플 위로 휘영청 떠 있는 달. 창살 안과 밖을 구분 없이 공평히 비추는 달을 바라보는 것으로 월담의 욕구를 달랬다.

대책 없이, 요르단

더욱 극적인 자리에서 야경을 감상하고 싶은 욕심에 주변을 쏘다녔다. 삼삼오오 모여 노는 현지인들은 밤 시간에 돌아다니는 동양인을 신기한 듯 쳐다봤고, 우리는 굳이 눈을 마주치지 않으려 애썼다. 그러다가 눈에 들어온 조그마한 상점. 정확히는 상점 위 옥상이다. 저곳으로 가면 앞에 나뭇가지나 가로등 따위의 방해 없이 암만 야경을 내 두 눈두덩에 확실히 새겨 넣을 것 같은 기대감에 부풀었다. 예상되는 위험은 그 상점 앞에서 맥주를 마시는 일행들이었다. 대여섯 명의 사내들이 옥상으로 이어지는 계단 옆에 앉아 맥주를 마시고 있었는데, 왠지 그들 중 한 명이 그 상점 주인 같은 느낌이었다. 시비를 걸 것만 같은 불길함에 잠시 망설였다.

그래도 이 정도는 감수해 줘야 익사이팅한 여행이 되지 않겠냐.

방금 전 시타델 월담을 포기한 것에 대한 보상심리가 작용한 것인가. 나와 광일은 어금니를 꽉 깨물고 딴청을 피우며 슬쩍 옥상으로 향하는 계단에 발을 내딛었다. 아무런 반응을 보이지 않는 이들의 행동을 계속해서 예의주시하며 콩닥거리는 마음으로 타닥타닥 계단을 빠르게 올라갔다. 옥상에서 한숨을 돌리고 앞을 바라보자, 오길 잘 했다는 생각이 들었다. 시원하게 탁 트인 전망에서 우리는 다시 한 번 암만의 깊은 밤 풍경에 빠졌다. 나는 삼각대를 설치하고 한동안 야경 담기에 몰두했다.

30여 분을 바라봤을까. 생각보다 쌀쌀한 암만의 밤공기에 팔을 쓱쓱 문지르며 계단을 내려왔다. 이때 예상치 못한 기습 공격. 올라오기 전 눈에 걸렸던 그 일행 중 나이가 지긋해 보이는 노인이 말을 걸었다. 아랍어였을까. 알 수 없는 언어였지만 구겨진 표정과 높은 언성은 적어도 그가 성내고 있다는 걸 알게 했다. '왜 내 건물 옥상에 올라갔느냐, 이놈들아!'라는 의미로 추측됐다. 갑작스런 노인의 성화에 당황했지만, 어쨌든 정확히 이해할 수 없었기에 어리둥절한 표정을 지었다. 그러자 그 노인의 입에서 알아들을 수 있는 말이 나왔다.

(이미지) 노인 : 5디나르!

설마 했는데 역시. 그렇다, 이 노인은 우리가 옥상에 올라간 대가로 돈을 요구한 것이다. 1디나르도 줄까 말까인데, 5디나르라니. 여기서 택시타고 호텔로 가도 비싸야 3디나르라고! 우리를 완전히 호구로 봤다는 생각에 발끈했다.

무슨 5디나르예요? 갑자기 왜 돈을 달라는 거예요?

우리가 쏘아붙이며 되묻자 노인은 다시 바락바락 성토하는 모양새인데, 도통 알아들을 수 없는 말이었다. 이뤄질 수 없는 대화가 도돌이표처럼 반복되자 옆에 남성이 나서서 더듬더듬 영어로 상황을 설명했다. 대강 '너희들이 여기 올라갔으니 돈을 내야 한다'는 취지였다. 어떻게 할까. 얘네 건물을 올라간 건 맞으니까 돈을 줘야 하나……. 이런 생각이 들면서 점차 대응 논리를 짜내는 일이 막막해지는 순간,

 아이 돈 언더스탠드!

완전한 콩글리쉬 발음으로 또박또박 말했다. 그리고 고장 난 녹음기처럼 이 말만 되풀이했다. 그래, 그거야. 못 알아듣는 척 하자. 나도 콩글리시 발음으로 '아이 돈 언더스텐드!'라고 했다. 이 순간을 봤다면 날 미국으로 유학 보냈던 우리 엄마 아빠가 슬퍼하셨겠지. 그래도 이렇게 잡아 뗀 덕분에 눈탱이는 맞

지 않았다. 노인은 답답하다는 듯 뭐라고 중얼대더니 그냥 자리에 털썩 앉았다. 광일은 모든 상황을 계산한 천재였을까? 아니면 '배 째라'는 패기였을까? 나는 아직도 광일이가 그때 진짜 못 알아들었는지 궁금하다.

대책 없이, 요르단

05

뜻밖의 푸조

#구연

세 번째 알람 소리에 간신히 눈을 떴다. 아침 8시 30분쯤 됐던 것 같으니까 계획보다 30분을 더 잠든 셈이었다. 스트레스가 곳곳에 묻어 있는 서울을 벗어났다는 해방감과 암만의 황홀경에 취해 어제 피곤한 줄 모르고 나댔던 덕분에 이튿날부터 일정이 꼬여버리게 됐다. 헉, 큰일 났네. 오늘 첫 일정은 우리의 이동을 책임질 애마, 렌터카를 받으러 가는 일이었다.

요르단 렌터카는 후지기로 악명이 높다. 연식이 오래됐거나 어딘가 한두 군데 고장 난 차가 나오는 일은 예삿일이라고 한다. 반드시 이것저것 점검을 철저하게 해 봐야 한다는 블로거들의 신신당부가 있었다. 가령, 어떤 이는 에어컨이 잘 나오는지 꼼꼼히 체크한 후 차를 빌렸는데, 정작 창문이 한 번 내려가면 올라오질 않아 여행 내내 문을 열고 다녔다는 웃픈 얘기를 전하기도 했다. 세차도 안 된 차가 나왔다는 경우도 다반사라고 한다. 어차피 조금만 타면 금방 먼지에 뒤덮이기 때문에 특별히 세차를 안 한다는 설명이 곁들어져 있었는데, 참 지나치게 쿨한 사람들이다. 여하튼 이런 사전 정보 때문에 우리는 일찌감치 렌터카 직원을 만나 이것저것을 꼼꼼히 따져볼 계획이었는데, 엉망이 돼버리게 생겼다.

그러나 서둘러 도착한 약속된 장소에는 텅 빈 책상과 의자만 덩그러니 놓여있었다. 책상 위에 놓인 렌터카 업체의 노트가 있는 것으로 보아 이곳이 확실했지만 담당자는 코빼기도 보이지 않았다. 사전에 전달 받은 연락처로 전화를 했지만, 담당자는 '곧 나갑니다'라는 말만 되풀이할 뿐. 일정이 하나 둘씩 꼬여가는 기분에 살짝 언짢아질 무렵 담당자가 멀리서 느릿느릿한 걸음으로 걸어오고 있었다. 한바탕 불만을 쏟아낼까 생각도 했지만, 싸울 시간도 아깝다는 생각에 그냥 넘어가기로 하고 얼른얼른 일처리를 진행했다.

> 렌터카 직원 : 당신들에게 매우 좋은 차가 제공될 거예요. 매우 운이 좋은 사람들이네요.

풋. 어디서 약을 팔아? 나는 속으로 비웃었다. 에어컨과 창문, 심지어 냉각수가 잘 채워졌나 꼼꼼히 살펴보겠다고 단단히 마음먹었는데, 이게 웬일. 외관이 반들반들할 정도로 빛나는 쥐색 SUV 차량이 우리 앞에 짜잔 나타났다. 프랑스 자동차 회사 푸조의 2019년 신형 SUV 차량이었다. 차량 내부에는 심지어 새 차에 붙어 있는 비닐 커버가 그대로 남아 있었다. '야, 내 차보다 좋은 것 같은데?'라며 광일은 배시시 웃었다.

에어컨, 창문 따위는 굳이 확인할 필요가 없었다. 굳이 이것 저것 살피는 게 촌스러워 보일 정도로 완벽한 차량 상태에 날 서 있던 심기는 눈 녹듯 사라졌다.

"Thank you, very much!" 갑자기 광일이가 먼저 영어로 인사하며 직원과 힘차게 악수를 했다. 얘가 이렇게나 발음이 좋았나. 새 차를 얻은 덕분에 큰 고민을 덜었다. 특히 사막 한가운데서 차가 멈춰 서면 어쩌나 했던 걱정은 말끔히 사라졌다.

차량 블루투스가 설치되지 않을 것 같아 미리 준비했던 휴대용 스피커를 다시 캐리어 한구석으로 밀어 넣었다. 이제 정말 달릴 일만 남았는데, 벌써 오전 11시. 계획대로라면 사해에 도착해 있어야 할 시간이다. 어차피 늦었는데 밥이나 먹고 갈까. 배를 채우기 위해 바로 앞에 보이는 현지 패스트푸드점에 들렀다.

  "아아(아이스 아메리카노) 당기지 않냐?" 도시 생활의 습관은 무서울 정도로 우리를 지배했다. 우리는 갈급하게 카페를 찾아다녔다. 요르단의 땡볕, 늦어진 일정 등 그딴 건 중요치 않았다. 중동까지 날아와서도 '아아'를 미친 듯이 찾는다는 게 약간 한심스럽다는 자책감이 들긴 했지만, '아아'에 이미 중독돼버린 우리들은 제정신이 아니었다(도시인의 관성은 이렇게나 무섭다). 커피에 중독된 불쌍한 중생들을 구원한 것은 반갑고도 친숙한 초록 세이렌(바다의 요정), '스타벅스'였다. 서울 여의도에서는 정말 한 블록 건너 하나씩 스타벅스 카페가 있어 지겹게까지 느껴졌는데, 요르단에서 만나니 이렇게 반가울 수가 없었다.

  먼 길 떠나기 전 주유소에 들러 주유도 했다. 이곳에서도 우리나라처럼 직원이 나와 직접 기름을 넣어줬다. 기름은 '87', '89', '93' 이렇게 세 가지 종류였다. 모두 휘발유지만, 가격은 제각각이었다. 생소한 선택지에 잠시 어리둥절했으나, 뭐든 중간만 하면 된다는 비논리적인 군대 논리를 떠올리며 89 버튼을 꾹 눌러버렸다. 나중에 알게 된 사실인데, 이들 세 가지 숫자는 옥탄 함유량과 연관돼 있다고 한다. 옥탄이라는 물질이 휘발유에 많이 함유될수록 오래 연소되기 때문에 적은 기름으로도 멀리 갈 수 있단다. 당연히 숫자가 높을수록 옥탄 함유량이 많고 비싸다.

이제 정말 출발하기만 하면 된다는 생각에 한껏 설레는 마음으로 핸들을 잡았다. 우리 두 남자는 가수 '볼빨간 사춘기'의 노래 〈여행〉을 목청껏 부르며 사해(Dead Sea)로 달려갔다. 강렬한 태양 아래 펼쳐진 황무지는 국내에서는 좀처럼 찾아볼 수 없는 거친 질감이었고, 그런 이국적인 풍경으로 달려갈수록 어드벤처 한복판으로 빨려 들어가는 기분이었다. 우리는 스쳐지나가는 모든 것에 관심과 감탄, 심지어 경의를 표하기도 했다. 층마다 그리고 부위마다 토양의 색이 달라 어느 곳은 손때 묻은 금처럼 소심하게 밝았고, 어떤 곳은 설익은 옥수수처럼 희멀겋게, 다른 곳은 붉은 황토를 연상케 할 만큼 불그스레하다는 사실에 탄복했다. 황량한 모래 언덕 한곳에 뜬금없이 자리 잡은 집 한 채를 보며 이름 모를 주인의 얼굴을 머릿속에 그렸고, 땅딸막한 나무와 덤불 속에 어떤 곤충이 보금자리를 만들었을까 상상했다. 달리는 차안에서 미지의 사막을 실컷 여행하는 기분이었다.

그렇게 정신없이 달리는데, 갑자기 쿵! 소리와 함께 머리를 천장에 찧었다. 그리고 또다시 얼마 못가 쿵! 연이어 설치된 방지 턱을 만난 것이다. 약간의 경각심이 생겼다. 빌린 새 차를 고물로 만들어 돌려주고 엄청난 배상금을 물어 줘야하는 건 아닌지. 문제는 요르단 도로 위의 방지 턱은 보호색을 띠고 있다는 점이었다. 노란색과 흰색으로 색칠된 우리나라의 방지 턱과는 달리 요르단 방지 턱은 아스팔트 도로와 같은 까만색이었다. 별다른 페인트 작업이 돼 있지 않아 방지 턱이 코앞에 올 때까지 방지 턱의 존재를 알 수가 없었다. 나는 나름 주의를 한다고 했지만, 결국 광일은 몇 번 더 천장에 머리를 찧어야 했다. 표지판이 있지만 방지 턱 바로 앞에 설치된 게 대부분이어서 표지판을 봤을 때 속도를 줄이는 건 헛수고였고, 주변 차들의 주행속도를 살피며 눈치껏 속도를 줄이는 게 최고의 해법이었다.

이국적인 풍경에 매료돼 잠시 갓길에 차를 세우고 내렸다

암만, 앗사라말라이쿰

　신명나게 액셀을 밟으며 달리는데 전방에서 하늘색 셔츠를 입은 두 사내가 우리를 불러 세웠다. 어깨에 무슨 완장 같은 게 보였다. 이런, 요르단 경찰이었다. 혹시 내가 차를 너무 빨리 몰았나. 괜히 죄지은 사람이 경찰관의 불시검문에 걸린 것처럼 지레 겁부터 먹었다. 영문도 모른 채 차를 세웠고, 어찌할 바를 몰라 광일을 쳐다봤지만 그놈도 어리둥절하긴 마찬가지였다. 우리는 서로 오잉? 오잉? 이런 바보같은 모습이었다.

　나는 너무 긴장한 나머지 창문을 내리지 않았다. 차 안에서 멍청하게 경찰관만 바라보니, 그가 운전석 창문을 두드렸다. 버벅거리며 한 3cm 정도만 창문을 찔끔 내렸다. 그는 답답하다는 표정으로 뭔가를 짧게 말했는데, 알아듣지 못했다. '응? 뭐라고?' 다시 광일을 쳐다봤는데, 역시나 그녀석도 알 리가 없었다. 다시 경찰관을 쳐다보니, 그가 'open'이라고 말하는 것 같았다. 지금 같으면 '아, 창문을 내리라는 말이겠구나.' 싶었겠지만, 그때는 너무 당황한 나머지 차문을 열고 내리란 말로 오해했다. 차 문을 열고 내리는데,

경찰관 : No, no. Stay in the car!(아니, 아니. 차에 있어요!)

그가 차문을 세게 미는 바람에 나는 차 안으로 떠밀리며 엉덩방아를 찧었다. 정신이 번쩍 들면서 뭔가 침착하지 않으면 잘못될 수도 있겠다는 위기감 같은 게 올라왔다.

경찰관 : I said 'open the window'.(창문을 내리라고 말했잖아요.)

나는 침착하게 그리고 태연하게 창문을 내리고 최대한 공손한 말투로 'Hi, sir(안녕하세요)'이라 인사하며 억지웃음까지 지어 보였다. 경찰관은 차량등록증을 요구했다. 허리를 숙여 운전석 창틀에 팔을 걸치고 말하는 그에게서 풍기는 담배 냄새는 괜히 위협적이었고, 그의 허리 부근에 찬 권총도 흉기로 느껴졌다. 광일은 허둥지둥 조수석 서랍에서 서류를 몽땅 꺼내 건넸다. 아무것도 꺼릴 게 없는 사람이라는 점을 강조하기 위해 온갖

영수증까지 몽땅 넘겨준 것이다. 서류를 살피는 경찰관 앞에서
우리는 속닥거렸다.

이렇게 붙잡혀서 유치장 가면 음식은 입에 맞을까?
아휴……. 퍽이나.

불안감을 달래기 위한 농담은 너무 썰렁해서 실소조차 나오

지 않았다. 경찰관은 차에 가서 뭔가를 확인하더니 우리에게 서류를 돌려주고 가라고 했다. 생각보다 싱겁게 끝난 불시검문에 가슴을 쓸어내렸다. 현지 경찰들은 렌터카를 빌린 외국인들을 이렇게 종종 세워서 서류를 확인한다고 한다. 우리는 이후에도 몇 번 경찰관의 부름에 응했고, 대부분 별일 없이 지나갔다.

1
2
3
4
5
6

암만, 앗사라말라이쿰

와디무집 어드벤처

이히드시 페트라

01

죽음의 바다에 꼬르륵

영상으로 보기

#광일

누런 모래 빛 바위산 사이 좁은 길을 가로질렀다. 굽이굽이 능선을 따라 달리던 중, 오른편 도로 아래쪽에 푸른 바다가 조금씩 그 위용을 드러내기 시작했다. 이쪽을 향해 건조한 바람도 솔솔 불어왔다. 그렇게 이번 여행에서 처음 마주한 바다는 고요하고 적막했다. 인적이 없었고 파도도 거의 보이지 않았다. 저 멀리 수평선에서부터 바로 앞 물과 뭍이 만나는 곳까지, 평온함을 유지하고 있었다. 참, 그러고 보니 여긴 애초에 바다가 아니었지. 운전대를 잡은 구연에게 말을 걸었다.

 그거 알아? 사해(死海), 이름만 바다지, 실제로는

바다가 아니래.

뭔 소리야. 저기 표지판에 영어로도 데드 씨(Dead

Sea)라고 적혀 있는데.

나도 그런 줄 알았는데, 지도 보니까 땅으로 둘러

싸여 있더라고. 호수야, 여기.

반대편에 땅이 있다고? 안 보이는데? 호수가 이

렇게 클 수가 있나?

믿지 못하는 눈치였다. 그러나 엄밀히 말하면 사해는 '진짜 바다'가 아니다. 북쪽에서 요단강이 흘러들지만 물이 빠져나가지 못하는 염호(鹽湖)라고 한다. 지대가 해수면보다 낮은 탓에 그 자리에 고여 버린 것이다. 유입된 물의 상당량은 대기 중에 증발했고, 그러면서 소금기는 점점 짙어졌다. 염도가 바닷물의 5배(표면 기준), 즉 30%에 육박할 정도로 높아진 뒤 자연히 생물이 살 수 없는 곳이 됐다. 이곳에 사해, 죽음의 바다라는 오싹한 이름이 붙은 이유다.

물이 고이기 전 이곳에는 마을이 있었다. 구약성경에 나오는 소돔과 고모라가 바로 이 지역에 위치해 있었다고 한다. 바다처럼 보이는 저 물속에 그 흔적이 조금은 남아있을 지도 모르겠다. 그러나 지금은 요르단과 이스라엘 국경을 나눌 정도로 커다란 호수가 됐다. 요르단이 있는 이곳 동쪽 해변과 이스라엘 영토인 서쪽 모두 관광지로 잘 알려져 있다. 특유의 짠 물이 피부병 치료나 미용에 도움이 된다는 점, 그리고 부력이 커서 사람 몸을 둥둥 띄운다는 게 소문난 덕이다.

여기까지 왔는데, 우리도 그냥 지나칠 수 없다. 정말 사람 몸이 둥둥 드는 건지, 나의 80kg 체중도 버텨질지 궁금했다. 다만 호화 시설에 굳이 돈을 쓰고 싶지는 않아서, 호텔이나 리조트에서 운영하는 전용 해수욕장(Private Beach) 대신 무료인 공용 해수욕장(Public Beach)를 찾아 다녔다. 길을 1시간 가까이 헤매다, '암만 비치'라는 이름의 전용 해수욕장으로 들어갔다. 1인당 20디나르. 그나마 저렴한 편이었다.

출발이 늦고 렌터카 대여가 늦은 데다 근처까지 와서도 한참을 헤맨 터라, 계획했던 시간보다 훨씬 지체돼 버렸다. 결국 우리가 해변 앞에 다가선 건 태양이 가장 높이 떠 있을 무렵이었다. 잠시 푸른 바다를 배경으로 기념사진을 찍은 뒤 나는 곧바로 상의를 벗어 제꼈다. 그리고는 피부에 직격으로 내려 꽂이는 따가운 햇볕을 피해 물속에 뛰어들었다.

손에는 고프로가 들려 있었다. 최근 야심차게, 6개월 할부로 구입한 신상품 액션캠이었다. 평생 다시 올 수 있을까 싶은 이곳의 모습을 조금이라도 더 선명하게 기록하고, 또 여행에 임하는 구연과 나의 모습도 담고 싶어서 산 것이었다. 5cm 남짓한 길이의 쪼그마한 기계를 앞에 두고 독백을 쏟기가 솔직히 너무 오글거렸지만 용기 내어 입을 뗐다. "정말로 몸이 뜁니다! 지금 제가 발이 땅에 닿지 않는 곳까지 나와 있는데요. 일부러 가라앉으려 해도 바로 뜨고, 똑바로 서 있으려 해도 한쪽으로 기울어집니다. 생각했던 것보다 더 신기하네요!" 누가 볼까 민망했지만 막상 해 보니 혼자서 이러고 노는 것도 나름 재미가 있었다. 잠시 뒤 대형 참사가 발생할 줄은 꿈에도 모르고서……

대책 없이, 요르단

물속에서 육지 방향을 보고 섰다. 오른손에 든 고프로의 동영상 촬영 버튼을 왼손 검지로 눌렀다. 저기 왼편에 멀리 떨어진 고급 호텔부터 정면을 거쳐 오른편에 이르기까지 시야에 잡히는 모습을 모두 화면에 쓸어 담았다. 그런데 바로 그때, 무게 중심이 앞쪽으로 쏠렸다. 그러면서 순식간에 카메라가 물속에 잠겼다. 바닷속 세상도 프레임에 담고 싶다는 엉뚱한 생각이 들어, 입수를 억지로 막지는 않았다.

어라? 그런데 갑자기 고프로가 먹통이 됐다. 처음에는 버튼만 안 눌리는가 싶더니 결국 전원이 아예 꺼져 버렸다. 나는 눈을 의심했다. 수심 **10m**까지 방수가 되는 제품인데 고작 이렇게 짧은 시간 물에 들어갔다고 고장이 날 수 있을까? 그냥 잠깐 오류가 난 건 아닐까. 하지만 기기를 살펴보다 경악을 금치 못했다. 충전용 USB포트가 외부에 드러나 있었던 것이다. 이곳은 원래 여닫이 장치로 꽉 막혀 있어야 하지만, 앞서 내가 그 여닫이 장치 자체를 빼놓았던 걸 이제야 발견했다. 카메라가 먹통이 된 건 누가 봐도 이리로 물이 흘러갔기 때문이었다. 그냥 맹물도 아니고 소금기 가득한 사해 바닷물이 들어갔으니 메인보드는 부식되지 않고 버틸 재간이 없었을 게다.

곧바로 배터리를 꺼내고 기기를 한쪽에 말리기 시작했다. 어쩌면 잠깐 이러다 기적 같이 다시 돌아올 수도 있지 않을까. 물론 그런 일은 없었다. 아이고…… 속이 쓰렸지만 그렇다고 여기까지 와서 마냥 절망만 하고 앉아있을 수도 없는 노릇. 멈춰버린 고프로를 모래사장 한쪽에 내려놓고서 뒤따라온 구연과 함께 물에 들어갔다. 소금 맛을 보고 '퉤' 하며 익살스런 표정을 지어보기도 하고, 물장구도 쳤다. 하지만 마음 한쪽이 불편

한 건 여전했다. 분위기 처지지 말라고 연신 웃어 보였지만, 한
쪽 입꼬리만 씩 하고 올라갈 뿐이었다.

밖으로 나와 수영장에서 쉴 때도, 다시 차에 타서도 마음은
온통 고프로에 가 있었다. 아직 여행은 제대로 시작도 안 했는
데 벌써 이렇게 망가지면 어쩌나……. 스마트폰으로 응급처치
법과 수리방법을 연신 검색했지만 어디에도 뚜렷한 방안이 나
와 있지 않았다. 또 전원 버튼을 아무리 눌러도 화면은 켜지지
않았다. 이제 안쪽에선 모터 타는 냄새까지 풍겼다. 그 모습을
안타깝게 바라보던 구연이 농을 던졌다.

 이런 말해서 미안한데, 죽은 자식 부랄 만지는 것
같아.

허허허.

대책 없이, 요르단

와디무집 어드벤처

대책 없이, 요르단

☑ 꿀팁 대방출!

사해 100배 즐기기

수영을 못한다고? 물이 무섭다고? 그런 분들에게 사해는 잊지 못할 경험이 될 수 있다. 모두가 아는 사실이지만 사해에선 몸이 물에 둥둥 뜬다. 고개를 위로 빳빳이 쳐들지 않아도 된다. 억지로 가라앉으려 발버둥 쳐도 그게 쉽지 않을 만큼 부력이 대단하다. 여기서 누가 물에 빠졌다면 그건 해외 토픽감이리라. 컨셉 사진을 즐긴다면 신문이나 잡지가 좋은 도구가 될 수 있다. 바다에 여유로이 누워 신문, 잡지 읽는 기막힌 사진은 전 세계 중 오직 이곳 사해에서만 가능하다.

다만 균형 잡긴 만만찮다. 조심해야 한다. 눈에 바닷물 들어가면 극한의 고통을 맛볼 수 있다. 물속에 너무 오래 있어서도 안 된다. 높은 염분이 삼투압 현상으로 피부를 훼손할 수 있다고 한다. 물놀이는 30분이 넘지 않도록 하는 걸 추천한다. 아울러 상처 난 곳은 쓰릴 수 있다. 아니, 엄청 쓰리다.

사해는 부력 외에도 머드, 그리고 온천으로 유명하다. 몇몇 호텔에선 투숙객을 위해 머드를 한쪽에 모아 놓기도 한다. 머드를 플라스틱 용기에 담아갈 수도 있다. 이걸 팩으로 쓰면 여행 내내 촉촉한 '꿀피부'를 유지할 수 있다. 사해에서 차로 20~30분 거리에 있는 마인온천에서는 뜨거운 계곡물 체험이 가능하다. 사해에서 빼앗긴 수분, 이곳에서 유황온천으로 보충하면 좋다. 제법 쌀쌀해지는 저녁에 간다면 시원한 공기와 뜨끈한 온천의 환상적인 조합을 온몸으로 느낄 수 있다.

02

천년의 물줄기를
거슬러

영상으로 보기

#구연

운전대를 단단히 잡고 액셀을 미친 듯이 밟았다. 방지 턱이 나와도 속력을 줄이지 않았다. '와디무집 트레킹' 종료 시간이 얼마 남지 않았는데, 방지 턱이 대수랴. 사해에서 죽은 고프로 만지작거리던 광일을 매몰차게 끌고 올 걸 그랬나. 하지만 그의 표정을 봤다면 누구도 그렇게 매몰차진 못했을 게다. 거의 나라 잃은 표정이었다.

트레킹 출발 지점인 '와디무집 어드벤처 센터'에 도착한 건 3시 55분. 마감 5분 전이었다. 나는 시동도 끄지 않고 안쪽으로 뛰어 들어갔다. 황급히 매표소로 들어가 안쪽에 있던 안내원을 다그치듯 불러냈다.

> 안내원: 오늘 닫았어요.
>
> 아직 2분 남았잖아요.(핸드폰 시계를 보여주며)
>
> 안내원: (절레절레)
>
> 와디무집 오려고 한국에서 18시간이나 비행기 타고 왔다고요. 제발⋯⋯.

　오만가지 핑계를 둘러댔다. 중간에 자동차 시동이 꺼져 도로에서 꽤 애를 먹었다는 뻥도 좀 보탰다. 구질구질할 정도로 처절하게 매달리는 내가 우스웠던지, 안내원은 피식 웃으며 '오케이'라며 싱겁게 표를 끊어줬다.

와디무집은 해수면 아래 410m 지점에 위치하면서 사해로 이어지는 협곡이다. 70km에 달하는 광대한 규모를 자랑해 '요르단의 그랜드 캐년'으로 불리기도 한다. 300종 이상의 식물과

와디무집 어드벤처

10종 이상의 육식 동물, 수많은 철새의 서식지다. 와디무집 트레킹은 이 협곡 사이로 세차게 흐르는 물길을 거슬러 올라가는 액티비티(Activity)다. 차박차박 걸을 정도로 낮은 수심부터 성인 남자의 머리끝까지 잠길 만큼 깊은 수심까지 다양한 깊이와 구간이 있다.

우리는 높이가 족히 20~30m쯤 돼 보이는 협곡 사이에서 맑은 물이 흐르는 풍경에 탄성을 질렀다. 어머, 이건 찍어야 해. 하지만 카메라가 없었다. 매표소에서 20디나르에 방수 가방을 빌려준다고 했지만, 광일이가 돈 아끼자고 만류하면서 어쩔 수 없이 카메라도 놓고 오게 된 것이었다. 괜히 눈을 흘겼다. 야속한 자식. 이렇게 황홀한 장면을 영원토록 기억할 수 있을까. 인간은 망각의 동물이라던데…… 아마 인천행 비행기를 탈 때쯤이면 어렴풋한 잔상만이 남아 있겠지. 나는 궁시렁댔다.

> 야, 너 지금 들고 있는 고프로. 그걸로 영상 말고 사진도 찍을 수 있잖아.

> 이걸로 찍어 봐야 얼마나 예쁘게 나오겠냐.

한 번 찍어나 봐봐.

고프로는 야외활동 때나 쓰는 영상 촬영장비가 아니냐, 이 자식아. 찝찝한 마음으로 셔터를 찰칵 눌렀다.

 오! 사진 진짜 잘 나온다. 대박!
 그걸로 계속 찍어.

금세 마음이 풀어진 나는 연신 셔터 버튼을 눌러댔다. 광일이 들고 있던 또 다른 구형 고프로는 그의 머리에 달아줬다. 그가 예비용으로 가져온 것이었다.

드디어 출발! 우리는 처음에는 잔잔히 흐르는 물 위를 걸었다. 쫄쫄 흐르는 냇물과 물길 따라 불어온 차가운 바람, 협곡 사이로 만들어진 그늘. 10분쯤 걸었을까.

대책 없이, 요르단

꺅!

전방에서 들려온 여자 비명소리였다. 본격적인 어드벤처의 시작을 알리는 신호음이었다. 구불거리는 협곡을 따라 앞으로 나아갈수록 물살이 세지고 전방에 물 떨어지는 소리가 협곡을 가득 메웠다. 뭐야, 누가 이렇게 호들갑을 떨어? 사실 와디무집 트레킹은 잔잔한 액티비티 정도로 치부했었다. 사해와 페트라, 와디럼 사막 정도가 대표적인 관광지로 알려진 요르단에서 와디무집 트레킹은 그냥 한 번 스쳐지나가는 코스인줄 알았다. 중동국가 요르단에서 물벼락을 맞을 줄 누가 상상이나 했을까.

수심은 야금야금 깊어지면서 어느새 내 허리까지 올라와 있었다. 그리고 왼쪽으로 꺾어지는 구간에 다다르면서 우리는 거센 물살에 밀려 좀처럼 앞으로 나아가지 못했다. 굽이치는 구간을 돌아서니, 불어난 계곡물처럼 물이 세차게 쏟아지고 있었다. 거대한 바위를 중심으로 양 옆에서 물줄기가 사정없이 떨어지면서 폭포와 같은 굉음을 냈다. 와디무집 트레킹은 커피로 치면 그냥 커피가 아니라 T.O.P쯤 됐다.

이건 레알 어드벤처다.

 야, 트래킹이라고 해서 만만히 봤는데, 장난 아니
다 진짜.

우리는 협곡 중간 중간 설치된 로프를 붙잡고 한발 한발 신
중하게 전진했다. 주변에서 걷던 일부 여성들은 거센 물살에
비명을 지르며 뒤로 자빠지기 일쑤였다. 그러다 마의 구간이
나타났다. 수심은 발이 닿지 않을 정도로 깊어 로프에 의지해
나아가야 했는데, 바로 앞에 계곡물이 떨어지는 지점이어서 좀
처럼 눈을 뜰 수가 없었다. 그곳에서 떨어지는 물줄기를 맞으
며 한참을 허우적댔다. 아, 그만할까? 휴가까지 와서 이런 생고
생을 하다니. 격렬한 어드벤처에 지칠 무렵

"There! There!(저기! 저기!)"

위쪽에서 한 남성이 왼쪽 어딘가를 가리키는 손짓이 어렴풋
하게 보였다. 그쪽에 발을 대고 허우적거리니 디딤돌이 걸렸

고, 그 디딤돌을 딛고 올라서니 파란 눈동자의 백인이 손을 내밀고 있었다. 그의 손을 잡고 힘차게 뛰어 오르면서 해당 구간을 통과했다. 그는 엄지를 치켜들고는 윙크를 한 뒤 말없이 갈 길을 갔다. 이런 쿨한 남자 같으니라고. 밑에서 역시나 허우적대는 광일에게 똑같은 길을 알려줬다. 디딤돌을 딛고 개구리처럼 폴짝 뛰어 오르는 광일의 팔을 잡아끌었다.

시작한 지 20여분 만에 기진맥진해졌다. 뜻밖에 만난 트레킹의 난코스에 체력 소모도 더 빨라지는 기분이었다. 가쁜 숨을 몰아쉬며 지척지척 걷는 우리에게 트레킹 가이드가 전담으로 따라붙었다. 오후 6시가 트레킹 마감시간이었기 때문에 우리는 2시간 안에 트레킹을 완주해야 했는데, 매번 버벅대는 도시의 두 남자가 애처로웠던 모양이었다. 그는 어디를 붙잡아야 하고, 어디로 가는 게 안전하고 쉬운지를 설명해줬다. 덕분에 우리는 1시간 만에 폭포수가 떨어지는 트레킹 코스 끝자락에 도착할 수 있었다.

방심할 수 없는 격랑의 트레킹을 마치고 나니 주위의 풍경이 한층 더 고혹스럽게 다가왔다. 폭이 10m 정도 밖에 되지 않는 협곡에 새겨진 줄무늬. 다갈색과 황토색, 오렌지 갈색 등 색색의 사막의 모래와 황토가 층층을 만들며 수천 년 세월의 흔적을 기록했다. 유구한 시간을 깎아온 물줄기는 바위에 부딪히며 요란한 울림을 만들었고, 그 위로 바다보다 파란 하늘이 완벽한 풍경의 마침표를 찍었다. 완전한 어드벤처 그 자체. 트레킹 코스 끝자락은 물이 얕았기에 구명조끼를 벗고 물속에 털썩 주저앉아 바닥에 꽂히는 폭포수를 바라봤다. 마구마구 쏟아지는 분파에서 물안개가 피어나는 풍광에 응어리진 근심거리는 묵은 때가 벗겨지듯 씻겨나가는 개운한 기분이었다.

둘 다 말없이 황홀경에 빠져 멍만 때리고 있으니, 담배를 피우던 가이드가 불쑥 내 손을 잡고 폭포 쪽으로 안내했다. 오, 또 하나의 어드벤처인가! 약간 무서운 마음도 들었지만 가이드의 손만 놓지 않으면 될 일이라고 생각했다. 그래도 '나 혼자 죽을 수는 없지'라는 장난기로 광일의 목덜미를 잡아 함께 폭포로 끌고 갔다. 폭포수가 머리 위를 후려갈기니 정신이 맑아지는 기분이었다. 가이드의 손을 단단히 붙들고 안쪽으로 들어

가자, 세 평 남짓한 공간이 나왔다. 이미 자리를 잡고 있는 이탈리아 여행객 세 명은 우리를 반갑게 맞아줬다. 통성명도 없이 우리는 서로를 부둥켜안고 환호성을 질렀다. 포효하는 폭포 소리와 동서인의 웃음소리가 뒤섞여 작은 공간에서 메아리쳤다. 가이드는 이런 풍경이 익숙한 듯 크게 반응을 보이진 않았지만, 아이마냥 크게 웃고 떠드는 우리들을 보면서 엄지를 들어 보였다.

폭포수를 뚫고 들어간 동굴 안에서는 굉음이 가득하다

이제 내려갈 시간이다. 출발점으로 돌아가는 일은 비교적 수월했다. 이번엔 물살을 거슬러 올라가는 게 아니라 흘러가는 지류에 몸을 맡기기만 하면 됐다. 일부 구간에서는 바위 위를 미끄러져 내려가거나 다이빙하듯 뛰어내리면 될 일이었고, 이는 워터파크처럼 재미가 쏠쏠했다. 롤러코스터 같은 구간들을 지나 잔잔해진 수면 위로 둥둥 떠가며 다시 한 번 저 하늘에 멍을 때리고 있는데, 순간 갑자기 물살이 빨라지는 곳으로 몸이 빨려들어 갔다. 어라? 어…… 허우적거릴 틈도 없이 머리를 바위에 쿵 부딪혔다. 눈물이 찔끔 날 만큼 아팠다. 바보처럼 머리를 쓱쓱 문지르며 가이드를 보니까 '나갈 때 더 조심해야 해'라고 경고를 줬다. 잠시 긴장감이 풀렸던 내겐 적절한 주의였다.

입구에 다다르자 가이드는 퇴근을 준비한다며 먼저 육지로 올라갔다. 떠나기 아쉬웠던 우리들은 이른바 '인생샷'을 찍기로 했다. 인생샷 찍는 게 여행의 별미가 아니던가. 먼저 광일 차례. 자기가 태권도 유단자라며 하이킥을 선보이겠단다. 길쭉한 다리로 하늘을 향해 힘껏 뻗는 순간을 포착하는데 애를 좀 먹었다. 고프로는 일반 카메라처럼 순간 포착력이 떨어지는 느껨이었다. 그래도 인생샷 한 번 남기겠다고 연신 다리를 뻗어 올리는데, 안 찍어줄 수가 있나. 몇 차례의 시행착오 끝에 완벽한 하이킥 사진촬영 성공. 나는 날라차기를 선보이려 했다. 물 속에서 어렵게 뛰어 올라 발차기.

야 미안, 다시 해 봐.

　그래, 타이밍 잡는 게 어렵긴 하지. 그러나 다시 점프, 또다시 점프, 또, 다시 한 번 더 점프. 그는 끝내 내 발차기를 프레임에 온전히 담지 못했다. 지금도 사진첩에는 힘차게 뛰어오르는 모습과 발차기를 한 후에 물속으로 떨어지는 모습, 이 엉성한 두 장면만 남아 있다. 협곡 사이로 흐르는 물 위로 날쌔게 뛰어올라 멋지게 발차기하는 모습은 우리들의 기억 속에만 존재하게 됐다.

☑ 꿀팁 대방출!

요르단에서 운전하기

교통수단은 가급적 렌터카를 통해 직접 운전하는 걸 추천한다. 대중교통이 많이 발달하지 않았기 때문에 시간을 효율적으로 쓰기 좋고, 광활한 사막 한 복판 쭉 뻗은 고속도로를 운전하는 쾌감도 짜릿하다. 기본적인 운전 상식과 감각을 지녔다면 요르단에서도 차를 모는 데 무리가 없을 것이다. 요르단 자동차는 우리나라와 마찬가지로 운전석이 좌측에 있고 교통법규도 우리와 크게 다르지 않다. 다만 교차로는 신호등 대신 로터리 형식으로 설계된 곳이 많다. 무리해서 끼어들면 안 된다. 끼어들다 사고가 날 경우 웬만하면 끼어든 쪽 과실로 책정된다.

암만이나 아카바 등 대도시에서는 특히 주의가 요구된다. 길이 좁고 차량 통

행량은 많다. 현지인 운전습관도 거친 편이다. 특히 방향 지시등 없이 불쑥 끼어드는 차들이 있기 때문에 긴장을 늦춰선 안 된다. 여기에 군데군데 닳아 없어진 차선은 운전자를 헷갈리게 한다. 고속도로에서는 과속을 조심해야 한다. 사각지대에 숨어 과속 차량을 '암행'으로 단속하는 교통경찰에게 걸릴 수 있다.

한편 중동에선 기름이 물보다 흔하다는 우스갯소리가 있지만, 요르단은 예외다. 이곳에선 석유가 한 방울도 나지 않는다. 그래서 기름값이 비싸다. 주유소 휘발유가 대략 리터당 0.77디나르, 3천 원 수준이니 우리나라보다도 훨씬 비싼 셈이다. 운전이 부담된다면 버스나 택시도 좋다. 택시의 경우 예약을 통해 '바가지' 쓰는 걸 방지할 수 있다. 우버 외에도 '중동의 우버'인 카림 (Careem)을 이용할 수 있다.

🚌 버스 https://www.jtt.com.jo/en/programs

🚕 택시 http://www.localtrips.net

03

캄캄한 밤,
앞길 막은 개 떼,
그리고 악취

#구연

한바탕 물세례를 흠뻑 맞고 돌아온 우리들은 비치적비치적 걸어 차로 돌아왔다. 그래도 이제 페트라 인근 숙소까지만 가면 되니까. 곧 숙소에서 쉴 수 있을 것이란 기대를 위안 삼으며 내비게이션에 페트라 숙소 주소를 입력했다. 응? 2시간 40분이나 걸린다고? 황당한 내비의 안내에 이번에 운전대를 잡은 광일도 놀라는 눈치였다. 지도를 얼핏 봤을 땐 40분 정도면 갈 수 있는 거리라고 생각했었기 때문이다.

　거리상으로는 그렇게 멀진 않았지만 바위산을 넘는 게 문제
였다. 구불거리는 도로를 따라 천천히 달려야 했기 때문에 한
참 시간이 걸렸다. 평야를 달리던 우리 차는 곧 바위산을 따라
달리기 시작했고, 그 무렵 해는 뉘엿뉘엿 지기 시작했다. 반대
편 언덕에 걸쳐진 태양의 빛은 우리의 앞길을 따뜻한 다홍빛
으로 물들였다. 요르단의 첫 석양! 이 장면을 놓칠 순 없지. 우

리는 갓길에 차를 대고 기울어져 가는 태양을 응시했다. 요르단의 저녁은 불같던 낮의 열기를 기억에서 지울 만큼 선선했고, 주변은 가벼운 공기로 가득 찼다. 오로지 불그스레한 석양의 기운만이 마음의 온도를 높였다. 우리는 해가 완전히 사라진 후에도 석양의 여명을 즐기며 한껏 여유를 부렸다. 비상 간식으로 미리 사놓은 초코바를 먹으면서 이런저런 사담도 나눴다. 누군가 드론으로 우리를 촬영했다면, 정말 멋진 그림이 나오지 않았을까.

대책 없이, 요르단

와디무집 어드벤처

노을이 물들인 바위산은 마치 화성처럼 붉게 달아오른 모습이었다.

　정신이 든 건 해가 완전히 저편으로 사라지고 난 뒤였다. 조금 전까지 포근하던 대지의 기운은 온데간데없이 자취를 감췄고 새까만 밤하늘이 사방을 지배했다. 가로등은커녕 주위에 단 한 줄기의 빛조차 보이지 않는 완벽한 어둠 속에 갇힌 기분이었다. 우리는 부랴부랴 차로 돌아가 전조등을 켜고, 조급한 마음으로, 하지만 겁에 질린 탓에 거북이걸음처럼 차를 몰았다. 늑대라도 나타나면 어쩌나. 사막에는 어떤 야생동물이 살고 있을까를 상상하며 점차 공포의 늪으로 빠지는 사이 급기야 우리의 긴장을 달래주던 노래마저 끊겼다. 인터넷이 잡히지 않아 스트리밍 서비스로 듣던 노래가 멈춘 것이다. 설상가상으로 내비게이션마저 가동을 멈췄다. 순식간에 깜깜한 바위산에 내던져진 기분이었다.

어떡하냐. 내비도 안되고……. 개무섭네.

노을을 너무 오래 봤어. 대충 찍고 올 걸 그랬나봐.

늦었다고 생각할 때면 정말 늦은 것이라는 개그맨 박명수의 명언(?)이 생각나던 순간이었다. 우리의 얼굴에선 웃음기가 완전히 가셨다. 길도 몰라 길이 뻗은 대로만 달릴 뿐이었다. 젠장…… . 잘못하다가는 바위산에서 꼼짝없이 하루를 보내게 생겼다.

기자로서 나름 여러 현장을 다니며 단련된 우리라고 생각했건만, 정작 야밤 속 사막 바위산에서는 아무것도 할 줄 모르는 어린애들과 같았다. 자동차 엔진 소리와 이따금 바퀴가 구덩이를 지나며 덜컹 소리를 내는 소음 속에서 우리는 흔들리는 눈동자로 전방만을 주시했다. 그런데 앞에 뭔가가 반짝반짝 빛났다. 하나, 둘씩 보이던 반짝이는 물체는 다가가면 다가갈수록 전조등에 반사돼 그 수가 늘어났다. 뭐지? 피곤해서 벗어둔 안경을 썼다.

 야! 늑대다! 엄청 많아!

끽! 광일은 재빨리 브레이크를 밟았다. 급정거한 차와 함께 우리 몸도 크게 흔들리면서 우리의 넋도 나간 것 같았다.

 늑대라고?
 늑대 아니야?

침을 꿀꺽 삼키며 광일이가 천천히 차를 앞으로 움직이자, 동물 무리가 좌우로 갈라섰다. 자세히 보기 위해 창문을 내렸다. 지금 생각하면 미친 짓이다. 늑대가 갑자기 안으로 뛰어 들어오면 어쩌려고. 요르단 사막의 굶주린 늑대 밥이 됐을지도 모른다. 여하튼 창문 밖으로 고개를 내밀어 보니, 늑대가 아니라 들개였다. 족히 20~30마리는 되는 개 떼가 도로 앞을 막고 달려오는 우리 차를 빤히 쳐다보고 있었던 것이다.

 야, 개다. 들개. 늑대인 줄 알았네.

사실 늑대나 들개나 별반 다른 건 없었을 텐데, 그때는 뭔가 늑대가 아니라는 사실만으로 바보처럼 안도의 한숨을 내쉬었다. 진귀한 장면을 놓칠세라 카메라를 찾는데, 심각한 악취가 차 안으로 들어왔다. 시골 가축 농장의 하수구 냄새와 비슷한 것이었다. 코를 막으면서도 어떻게든 카메라를 찾아보려고 발밑을 뒤적거리는데, 갑자기 개들이 왈! 왈! 짖어 대며 사나운 성미를 드러냈다. 까무러치게 놀란 광일은 급하게 액셀을 밟아 그대로 줄행랑을 쳤다. 그렇게 10분여를 달리고 나니 우리는 다시 고독하게 어둠 속을 달리고 있었다.

🙂 아깐 진짜 놀랐어.

🙂 그러니까. 이런 바위산에 웬 개 떼냐.

🙂 냄새도 지독하드만. 아! 저건 또 뭐야?

　개 떼의 충격이 가시기도 전에 광일의 외침에 다시 한 번 화들짝 놀라 앞을 봤다. 하얀 수염이 가슴까지 내려오는 노인이 우리를 향해 손을 흔들고 있었다. 히치하이킹을 하려던 모양이다. 이슬람 전통 복장에 빵모자를 쓴 노인의 예상치 못한 등장에 광일은 또다시 위잉 액셀을 세게 밟아 그를 지나쳤다. 우리는 또 떨리는 눈빛으로 전방만을 주시하며 10여분을 달렸다. 한숨을 돌리자 살짝 미안한 마음이 들었다. 광일이도 같은 생 각이었다.

 우리 뒷좌석이 넓은데, 태울 걸 그랬나?

 이 시간에 저기서 차도 없을 텐데. 저러다 그냥 야산에서 꼬박 하룻밤을 보내야겠네.

측은하긴 했다만 이런 낯선 곳에서 정체 모를 누군가를 태 우는 결정은 쉽지 않았다. 정확히 말하면 그럴 만한 여유가 없 었다. 캄캄한 밤, 굽이치는 도로, 언제 습격해 올지 모르는 야 생동물. 우리는 거의 생존을 위한 여정이라고 느낄 만큼 긴장 했고 간이 콩알만 해졌을 정도로 움츠러든 상태였다. 이후에도 아이와 함께 있었던 여성, 젊어 보이는 사내 등이 손을 흔들었 으나 그냥 애써 외면하고 지나쳤다.

그 길로 1시간 정도 달리니 마을이 보이기 시작했다. 내비게 이션은 다시 정상적으로 작동했고, 엔진 소리만 들리던 차 안은 '아이유(IU)'의 상큼한 음색으로 메워졌다. 긴장의 끈을 그제야 놓으면서 몸이 노곤노곤했다. 지금 이 순간 필요한 건 따뜻한 물로 정수리부터 발끝까지 적시는 샤워였다. 만두 찜기에라도 들어가고 싶은 심정이었다. 제발 페트라 숙소에서는 따뜻한 물로 샤워를 할 수 있기를. 암만에서는 따뜻한 물도 안 나와서 찬물로 샤워하는 게 곤욕이었다.

04

발렌타인의 여인들

#구연

페트라 숙소에 도착한 건 밤 10시가 넘어서였다. 우리는 완전히 파김치가 되어 가슴츠레한 눈으로 여행 가방을 질질 끌며 체크인 데스크로 향했다.

 주인: 예약 번호가 어떻게 되세요?

네?

아 맞다……. 예약을 안 했다. 큰 한숨을 내쉬며 "우리 예약

안 했는데요. 혹시 방 있어요?"라 말하니, 주인이 심각한 표정으로 모니터를 쳐다봤다. 제발. 제발! 방이 없다고 하면 어쩌나. 불쌍한 표정으로 동정이라도 얻어 어떻게든 방을 받아 볼 요량으로 기다렸는데, 다행히 주인은 "마침 방 하나가 비는 군요. 어서 오세요."라고 친절한 목소리와 경쾌한 표정으로 우리를 환영해 줬다. 오늘 뭔가 아슬아슬하게 일이 잘 풀린다. 가격은 1박에 20디나르로 엄청 싸다. 근데 너무 싸니까 오히려 불안했다. 암만 숙소처럼 또 찬물 샤워 신세는 아닐는지.

여기 온수는 나오죠? 혹시 돈을 더 내더라도 따뜻한 샤워를 꼭 하고 싶어서요.

주인: 걱정하지 마세요. 따뜻한 물 틀어 드릴게요.

오늘 하루 들은 말 중에 가장 따뜻한 말이었다. 따뜻한 물을 얼굴에 사정없이 쏴 댔다. 요르단 경찰관을 만나 얼타다가 엉덩방아를 찧었을 때의 철렁함, 모든 것을 수면 위로 밀어내는 사해의 신기함, 온몸으로 자연의 희열을 느끼게 해 준 뜻밖의 와디무집 트래킹, 그리고 조금 전 기절초풍하게 했던 개 떼와 노인까지. 냉탕과 온탕을 수시로 오간 오늘 하루의 소소하지만 확실한 위로였다. 몸이 덥혀지니 간사하게도 배가 고팠다. 암만에서 점심으로 대충 먹은 햄버거가 유일한 식사였기 때문이다. 다시 로비로 가서 조심스럽게 물었다.

미안한데요, 혹시 식사 되나요? 아니면 뜨거운 물이라도 좀 얻고 싶네요.

워낙 저렴한 숙소여서 그런지 이런 부탁을 하는 게 괜히 눈치가 보였다. 그런데도 주인은 흔쾌히 식사와 따뜻한 물을 제공했다. 식사는 1인분에 7디나르였는데, 두 사람이 먹기에도 충분한 양이었다. 가지볶음, 감자, 샐러드, 스파게티 등 메뉴도 다양했다. 여기에 광일이가 한국에서 가져온 컵라면까지 곁들이니 그럴듯한 밥상이 자정 무렵에 차려졌다. 게걸스럽게 음식을 입안으로 털어 넣고 나서야 주변을 좀 둘러볼 여유가 생겼다. 눈길을 사로잡은 건 음식을 서빙하는 여성들. 이 여성들은 다른 무슬림과 다르게 부르카나 히잡을 착용하지 않았다. 외국의 일반 여성들처럼 티셔츠에 청바지 차림이었다.

직업병이 불쑥 도졌다. 왜 저들은 히잡을 쓰지 않지? 하지만 질문에도 기술이 있는 법. 대뜸 질문을 던지면, 자칫 상대방이 경계심을 갖거나 도망칠 수 있다. 또 내 질문이 '네가 이슬람 국가에서 무슬림의 계율을 따르지 않는 이단자라고 어서 고백을 해보렴'이라는 오해를 줄 수도 있겠다는 우려도 들었다. 기자의 질문은 직선처럼 날카롭고 정확해야 하지만, 때로는 곡선처럼 완곡하고 부드러워야 한다. 어떻게 하면 기분을 상하지 않게 하고 오해 없이 질문을 할까. 일머리를 굴렸다. 처음에는 일상적인 대화로 말문을 텄다.

늦은 시간에도 모든 직원들이 일하고 있네요.

주인: 네. 24시간 오픈이에요. 어디서 오셨어요?

한국이요. 오늘 늦은 저녁식사 감사합니다. 밥까지 주실 줄은 꿈에도 생각 못했어요.

주인: 입맛에 좀 맞았나요?

네네 괜찮았어요.

직원들은 퇴근 안 해요?

주인: 아, 우리 가족이에요. 여기서 살고 있어요.

가족 경영 게스트하우스구나. 어쩐지 서로서로 친해 보였다. 이런저런 사담으로 친밀감을 쌓으면서 분위기가 제법 화기애애해질 때쯤 준비했던 질문을 던졌다.

그런데 여기서 일하시는 여성들은 모습이 좀 다

르네요.

🧑 주인: 네네. 그렇죠. 우리는 히잡 같은 거 잘 안 써요.

🧑 아, 왜요?

🧑 주인: 음……. 굳이 입어야 한다고 생각하지 않아
서요.

주인은 모든 무슬림이 히잡이나 부르카를 입는 것은 아니라
고 설명했다. 알라를 믿고, 코란을 읽지만, 히잡이나 부르카를
꼭 착용해야 한다는 의견에는 생각이 다른 무슬림들이 있다는
것. 여성도 충분히 일하고, 일할 때 불편한 복장을 굳이 입을
필요가 없으며, 여권이 신장될 필요가 있다고 설파했다. 교회
를 다니는 모든 사람들이 모두 똑같은 모습으로 신앙생활을 하
는 게 아닌 것과 비슷한 느낌이었다.

히잡이나 부르카는 종종 성차별 혹은 인권 문제로 종종 다
뤄진다. 각기 다른 종교적·문화적 차이로 발생하는 일에 세
세히 평가하는 일이 조심스럽긴 하다. 다만, 성별을 떠나 '모든
인간은 태어날 때부터 자유롭고, 존엄성과 권리에 있어서 평등

하다'는 세계인권선언 1조에 동감하는 우리로서는 히잡이나 부르카가 불편해 보이는 건 사실이다.

　어쨌든 우리가 만난 발렌타인의 여인들은 빨래를 하면서, 물을 끓이면서, 식탁을 행주로 훔치면서 끊임없이 재잘댔다. 박수를 치며 크게 웃기도 하고, 음악에 몸을 가볍게 흔들며 춤사위를 뽐내기도 했다. 근심 하나 자리 잡을 곳 없는 사막의 아침을 닮은 여성들이었다. 다른 무슬림 여성도 그러한지는 알 수 없는 일이다. 히잡이나 부르카에 뒤에 가려진 그들의 얼굴을 본 적이 없으니까 말이다.

발렌타인 옥상에서 바라본 와디무사의 야경

2
3
―――――
4
5
6

와니부집 어드벤서

잊힌 도시, 페트라

붉은 사막 어디럼

01

쏘리, 동키

영상으로 보기

#광일

　페트라 입구에서 5분쯤 걸어 들어갔다. 별안간 '그르렁'거리는 소리가 주변을 연신 울렸다. 평소 들어보지 못한 낯선 동물의 울음소리였다. 눈을 살짝 찌푸려 소리가 시작되는 쪽을 바라봤다. 누런색 바위절벽 틈. 당나귀 한 마리가 늠름하게 서 있었다.

　구연과 나는 여행 내내 당나귀를 '동키(Donkey)'라고 불렀다. 그냥, 그 영어식 표현이 어딘가 더 귀엽고 친숙하게 느껴졌다. 동키는 허리를 꼿꼿이 세운 채 바위 아래쪽을 내려다보고 있었

다. 그르렁 소리로 무언가 신호를 보내는 듯했다. 그러자 아래
쪽에 무리지어 있던 동물들은 일제히 한쪽으로 터벅터벅 걸었
다. 가축인지 들짐승인지 모를 색색의 개, 양, 그리고 염소 수십
마리였다. 사자 없는 산에 토끼가 왕 노릇 한다더니, 여기선 과
연 동키가 왕인가 보다.

 야, 〈라이온 킹〉의 심바 같지 않냐?

　내 말에 구연은 들은 체도 안 했다. 별로 공감하지 않는 눈치
였다. 그리고는 동물들 쪽으로 걸어갔다. 그저 옹기종기 모여
다 같이 풀을 뜯어먹는 동물만 쳐다볼 뿐이었다. 그곳에 멈춰
선 우리는 각자의 카메라를 꺼내 들었다. 계획했던 일정보다
많이 늦어졌지만 난생 처음 보는 명장면을 그냥 지나칠 수 없
었다. 잠시 사진기자가 됐다. 그러는 동안 저 위에서 요란한 소
리를 내던 당나귀 왕은 누런 바위산을 이리저리 자유자재로 타
다가 이내 홀연히 사라졌다. 작고 느린 줄로만 알았는데 이렇
게 가파른 곳을 유연하게 다닐 수 있었구나.

　좀 더 걸었다. 주변에 솟은 바위산은 더 크고 높아졌고 그 사이로 보행로가 이어져 있었다. 이곳은 '시크(Siq)'라는 이름의 사암 협곡. 거대한 바위가 지각변동으로 갈라지면서 좁고 구불구불한 길이 형성됐다고 한다. 와디무집 협곡과 비슷했지만, 여기선 물 한 방울, 풀 한 포기 찾을 수 없었다. 원래 강이 흘렀다가 지금은 말라버린 지 오래라고 한다. 너무 덥고 힘들었지만 최대 높이가 200m나 된다는 바위산이 좌우에 놓여 그나마

그늘을 만들었다. 우린 일단 땀으로 흥건해진 몸뚱이를 이끌고 30분쯤 걸었다. 종착지에서 우릴 기다리고 있을 고대 문명을 기대하며. 그렇게 걷다, 모퉁이를 돌았다.

 뭐야, 막다른 길인데?

 아냐. 빛이 들어오잖아. 이어져 있어.

폭이 눈에 띄게 좁아진 길. 빛을 따라 비스듬히 걸어가니 통로가 나왔다. 맞은편엔 관광객 수백 명이 우릴 등지고 있었고, 그들 너머 거대한 신전이 위용을 드러냈다.

'알 카즈네(Al Khazneh)'였다.

우와, 하는 외마디 탄성이 절로 나왔다. 여기구나. 사진으로 수십 번은 더 봤던 곳이지만 실물은 형용하기 어려울 정도로 정교하고 웅장했다. 아니, 경이롭다는 표현이 조금 더 적합할지 모르겠다. 바위산으로 둘러싸인 협곡에 난데없이 세워진 높이 43m 너비 30m 규모의 신전. 원통형 기둥 6개가 충고를 받치고 있는 꼴이 언뜻 그리스식 석조 건물과 비슷해 보이지만 그보다 훨씬 묘한 인상이었다. 잿빛 대리석을 깎아 세운 '파르테논 신전'이 안정된 비례와 장중함을 선사한다면, 이곳 알 카즈네는 반대로 뭔가 아슬아슬한 느낌. 균형이라곤 찾아보기 어려웠다. 다만 그보다 입체적이었다. 붉은 사암 절벽을 그 자체로 깎아 만들었기 때문이었을까. 해는 동일하게 내리쬐지만, 각 지점마다 다른 빛을 냈다. 돌출된 양각 부분은 빛을 많이 반사해 흰색에 가까워진 반면 음각엔 심하게 그늘이 져 컴컴했다.

기원전 1세기 고대 나바테아인들의 작품이라는데 도대체 어떤 기술이 이용된 건지 가늠조차 되지 않았다. 어떻게 절벽을 이렇게 정교하게 깎았는지, 저 높은 곳은 어떻게 올라갔는지……. 무엇보다 궁금한 건 도대체 이 험한 산속에 이런 건축

물, 아니 조각을 왜 새겼느냐 하는 것이었다. 문헌에 따르면 알 카즈네는 왕의 무덤으로 추정되지만 지금까지도 정확히 무엇을 위해, 그리고 어떻게 만들어졌는지는 알려지지 않고 있다고 한다. 과연 세계 신(新) 7대 불가사의로 꼽힐 만했다.

보통 이 알 카즈네를 두고 '페트라'라고 부르는 경우가 많다. 그러나 페트라는 사실 도시 이름, 또는 이곳의 도시 유적을 통칭하는 말이다. 알 카즈네와 같이 바위산을 깎아 만든 유적은 이 근방에 알려진 것만 무려 800점이 넘는다고 한다. 하루 안에 다 볼 순 없겠지만 그래도 더 깊은 곳까지 가보기로 했다.

야, 근데 너무 덥지 않냐?

그냥 동키 타고 갈래? 다리도 아프고 여기 너무 넓은 것 같아.

동키가 우릴 태울 수 있을까? 비실비실해 보이던데…….

아까 저 밑에서 바위 타는 것 보니까 나름 유연하고 재빠르더라.

그래 뭐, 오늘 아니면 평생 언제 동키 등에 타 볼까.

우리를 집요하게 쫓아오던 호객꾼 청년을 불렀다. 그에게 말했더니 금세 동키 두 마리를 끌고 왔다. 생각보다 더 왜소한 모습이었다. 안장 높이가 내 가슴 위치보다 낮았고 다리도 너무 얇았다. 얘가 내 육중한 80kg 몸뚱이를 버텨낼 수 있을까? 가다가 혹시 고꾸라지는 건 아닐까? 올라타기가 왠지 좀 꺼려졌지만 용기를 냈다. 먼저, 안장에 달린 둥근 쇠고리에 왼발을 끼웠다. 이어 그 발로 온몸을 지탱한 채 오른발을 땅에서 뗐다. 그러자 밑에 있던 동키가 중심을 잃고 한쪽으로 휘청했다. 다행히 금방 오른발을 반대편으로 넘긴 덕에 균형을 찾았지만 이놈, 어느새 호흡이 가빠졌다. 이렇게 약한 놈을 타라고? 아휴, 불안해서 어쩌나. 안전벨트가 있는 것도 아니고……. 덕분에 가는 내내 한 순간도 긴장을 놓을 수 없었다. 양손으로 안장 앞쪽 손잡이를, 손목이 저릴 정도로 세게 잡아야 했다.

그런데 난데없이 채찍 소리가 들렸다. 횡, 바람을 갈랐고, 짝, 질긴 피부에 닿았다. 밑에 있는 동키에게 경련이 느껴졌다. 엉덩이 쪽을 맞았구나. 누가 때렸는지는 금방 알 수 있었다. 옆에 있던 목동, 즉 길잡이 꼬마였다. 밧줄 같은 걸 들고 있었다. 이름은 오마르. 7살이라고 했다. 그는 이후에도 계속 동키를 따라 걸으며 채찍질로 재촉했다. 얼굴 왼쪽을 때려 우회전을, 오른쪽을 때려 좌회전을 유도했다.

구연이 탄 동키도 뒤로 바짝 쫓아왔다. 오마르보다 덩치가 살짝 더 큰, 제이드라는 9살짜리 아이가 마찬가지로 옆에서 채찍질을 해 댔다. 심지어 그의 손에는 몽둥이가, 딱 보기에도 단단한 쇠몽둥이가 들려 있었다. 아니 때려도 웬만한 걸로 때려야지. 이건 너무 심하잖아…… 동키는 한 대 맞을 때마다 꿈틀꿈틀했다. 몸을 직접 맞대고 있다 보니 몸부림치는 게 실감됐다. '그만 좀 때려라 이놈들아' 하는 생각도 들었지만, 마음속에 머물렀다. 미안한 마음은, 고통에 공감하는 능력은 딱 거기까지였을까. 끝내 폭행을 막지 않았다. 이들에게 동키는 '탈 것' 그 이상도 이하도 아니지 않겠느냐고 스스로 반문하며 정당화할 뿐이었다.

그렇게 한참을 가는데, 별안간 오마르가 소리를 쳤다. "헤이!" 맞은편에서 내려오는 다른 소년을 향한 외침이었다. 그 또한 관광객이 탄 동키를 끄는 목동이었다. 이들은 서로에게 쪼르르 달려갔다. 간만에 또래다운 천진한 표정과 몸짓으로 상대를 반겼다. 그렇게 잠시 대화를 나누더니 오마르는 날더러 동키에서 내리라고 했다. 저 소년이 끌던 동키에 한 일본인 여성이 앉아 있었는데 그와 바꿔 타라는 얘기였다. 아니, 여태껏 일하고 돌아온 놈한테 한 탕을 더 뛰게 한다고? 너무 혹사하는 것 아닐까 하는 우려가 들었지만 일단 시키는 대로 따랐다.

바꿔 탄 동키는 덩치가 좀 더 컸다.

　그러나 예상대로 이미 너무 지쳐 있었다. 거친 숨결이 자꾸 느껴졌다. 이 뙤약볕에 온종일 걷기만 하다 이제 겨우 도착점을 앞두고 있었는데 다시 출발하라니, 그것도 자기만큼 무거운 인간을 업고서. 얼마나 힘들고 원망스러울까……. 미안한 마음에 그의 목덜미에 한 손을 지긋이 갖다 댔다. 무성한 검은 털 속 질긴 피부가 만져졌고, 그가 움직일 때마다 아래에 있는 단단한 근육을 느낄 수 있었다. 맥박은 두근두근, 아니 불끈불끈, 아주 빠르게 뛰었다. 여기선 비록 '탈 것'에 불과할지 모르겠지만 그도 결국 살아 숨 쉬는 생명이란 사실을 재확인했다. 나도 모르게 미안하단 말이 나왔다. "쏘리 동키" 어쩌면 꼬마들 들으라고 일부러 냈는지도 모르겠다.

　그때 누군가 그 말에 대꾸했다. 예상치 못한 일이었다. 반대 방향에서 내려오던 한 외국인이, 내 등 뒤로 지나간 뒤 이렇게 말했다. "나도 미안해(I feel sorry, too)" 얼굴은 정확히 보지 못했지만, 여자 목소리를 또렷하게 들을 수 있었다. 그래, 나만 이상하게 느끼는 게 아니구나. 위로를 받은 기분이었다. 물론 죄책

감도 뒤따랐다. 때린 건 목동이지만, 이들에게 돈을 내고 의뢰한 건 내가 아닌가.

이런저런 고민에 머리가 복잡해질 무렵 눈앞에 언덕이 나왔다. 본격적인 등산로였다. 여기서부터는 계단이 깔려 있었다. 동키에겐 막다른 길인 셈이었다. 계단 앞에 다다른 동키는 슬며시 머리를 돌렸다. 여기까지구나. 그래, 계속 이렇게 미안한 마음 안고 갈 바에야 조금 힘들어도 찬찬히 걸어가는 게 나을 수 있겠다.

그러나 그 순간, 채찍질이 다시 시작됐다. 오마르는 동키의 왼쪽 얼굴을 마구 때려 발길을 언덕 방향으로 돌리게 했다. 아야, 어째 보는 내가 더 아플 지경이지만 아이는 소리치며 구타를 이어갔다. 그랬더니, 동키는 결국 계단을 오르기 시작했다. 헐……. 믿어지지 않는 모습이었다. 다리 근육이 얼마나 세면 무거운 나를 등에 업고 이렇게 산까지 탈 수 있을까. 한 계단 한 계단 오를 때마다 묵직한 힘이 느껴졌다.

다만 경사가 45도에 가까울 정도로 더 깊어지자, 탄성은 기함으로 바뀌었다. 동키는 거의 곡예를 하는 듯했다. 나 역시 손에 쥐던 고프로를 얼른 가방에 집어넣고 대신 안장을 꽉 잡았다. 허리도 살짝 뒤쪽으로 젖혀졌다. 안전을 위해 허리를 꼿꼿이 세워야 한다는 오마르의 안내를 듣고 이내 척추에 균형을 빡 잡을 수 있었지만 오래 그러고 있는 것도 참 곤욕이었다. 게다가 훈련을 그렇게 받았는지는 모르겠는데 동키는 자꾸 넓은 길을 놔둔 채 계단 가장자리 쪽을 타고 올랐다. 이러다 네 발 중 하나라도 헛디디면 그대로 저세상일 텐데…… 동키, 괜히 탄다고 했나.

꿀렁꿀렁 언덕을 오르다 멈춰선 곳은 정상 부근이었다. 여기부터는 산세가 험해서 동키도 들어갈 수 없다고 했다. 동키에서 내린 구연과 나는 안쪽으로 걸음을 옮겼다.

페트라에서는 어느 곳을 걷든지 거칠고 장엄한 유적지를 쉽게 마주칠 수 있다.

잊힌 도시 페트라

☑ 꿀팁 대방출!

요르단 갈 때 비자는 필요할까?

비자가 필요하다. 암만 공항이나 육로 국경에서 1개월짜리 단수 비자를 1인당 40디나르면 살 수 있다. 그러나 대부분의 여행자는 이렇게 도착 비자를 따로 사기보다는 '요르단 패스'를 이용한다. 페트라 입장권과 제라쉬 등 40곳 이상 기타 유적 입장권이 포함된 패키지 티켓이다. 페트라 입장 일수에 따라 가격이 달라진다. 하루만 본다면 70디나르, 이틀은 75디나르, 사흘 입장한다면 80디나르다. 페트라 입장권 개별 판매가가 각각 50, 55, 60디나르라는 점을 고려하면 요르단 패스를 사는 게 20디나르는 더 저렴하다.

페트라 개장시간

주간 개장은 오전 6시다. 동절기(10월~4월)에는 오후 4시까지, 하절기(5월~9월)에는 오후 6시까지 연다. '나이트 페트라'라는 이름의 야간 개장은 월, 수, 목요일에만 이뤄지며 밤 8시 30분부터 10시 30분까지다. 주간 개장과 야간 개장 사이에는 입장이 불가능하다. 개장 시간이 다소 불규칙하니 사전에 한 번 더 확인할 필요가 있다. 참고로 나이트 페트라는 별도로 1인당 17디나르를 더 내야 입장이 가능하다. 낮에 썼던 요르단 패스를 불쑥 다시 들이밀어 봤지만 용케도 알아보더라.

02

마릴린 먼로의
빨간 하이힐

#구연

10분쯤 걷자 바위산 사이로 숨겨진 거대한 성전이 나왔다. 이곳의 이름은 아드 디에르. 우리 말로는 수도원이다. 높이 48.3m, 폭 47m로 페트라에서 가장 큰 기념물로, 기원전 2세기 초에 지어졌다고 한다. 내부는 뒷벽 앞 제단과 양옆의 벤치들로 채워져 있는데, 처음에는 종교회의를 위한 비클리니움(고대 로마시대 때부터 사용됐던 2인용 식탁의자)이 보관됐던 공간으로 사용됐다. 이후 기독교인들이 예배장소로 사용하면서 벽면에 십자가 조각상을 새겨 넣었는데, 이 때문에 수도원으로 불린단다.

언뜻 보면 앞서 거쳐 왔던 알 카즈네의 축소판 같았다.

그러나 우리 마음을 확실히 사로잡은 건 이곳이었다. 웅장한 절벽에 새겨진 알 카즈나보다 하늘과 맞닿아 세워진 아드 디에르가 왠지 더 끌렸다. 바위 언덕들 사이로 은밀하게 자리 잡은 비밀스러운 공간은 조금 거칠고, 망가졌고, 덜 정교했지만, 고대 나바테아인들이 이렇게 높은 곳에 수도원을 건설할 수 있었다는 게 신기했고 그게 더 어려운 일 같았다. 관광객도 덜 붐볐다. 여기까지 기어코 올라오는 사람들이 적어서였을까. 비교적 한가한 공간에 오니 마음도 한결 가벼워지는 기분이다.

아드 디에르가 잘 보이는 벤치에 앉아 땀을 식히면서 주변을 감상할 무렵 주위에서 외국인 커플이 투닥투닥 다투는 소리가 들렸다. 동서고금을 막론하고 싸움 구경은 역시 그냥 넘어갈 수 없다. 언어는 대충 독일어 같았는데, 내용은 잘 모르나 남자친구가 찍은 사진에 여자친구가 불만을 늘어놓는 모양새였다. 대화 중 남자가 먼저 자리를 박차고 어디론가 사라졌고 여자는 아랑곳하지 않고 옷매무새를 매만졌다. 그녀는 하얀 원피스에 분홍 스카프, 동그란 밀짚모자를 쓰고 있었다. 깜짝 놀라게 한 것은 신발이었다. 빨간 하이힐. 여기까지 하이힐을 신고 왔을 리는 만무했고, 아마 여기에 도착해 멋진 사진을 찍기 위해 갈아 신은 것 같았다.

여자는 내 옆 벤치에 앉아 뒤쪽에 삼각대를 놓고 만지작거리더니 이내 타이머를 맞추고 포즈를 취했다. 새하얀 피부와 백발에 가까운 눈부신 금발의 곱슬머리. 마릴린 먼로를 연상케 했다. 가까이서 보니 하얀 원피스와 핑크색 스카프가 더 잘 어울린다고 생각했다. 몇 차례 셔터를 눌렀지만 여자는 만족스럽지 않은 표정이었다. 이마에 땀이 송골송골 맺혔는데, 금방 땀을 닦고 파우더를 꺼내 찍어 발랐다. 그러더니 갑자기 내게 "내 옆에 좀 앉아 줄래?"라고 부탁했다.

응? 하찮은 부탁인데도 묘하게 설렜다. 이런 미인이 말을 걸어오는 것만으로도 살짝 심쿵한 기분이었다. 광일도 은근히 부러워하지 않았을까, 짜식. 새어 나오는 미소를 참으며 이유를 물으니 카메라가 초점을 잘 못 잡아서 일단 내가 옆에 앉아 초점을 맞출 수 있도록 도와달라는 것이었다.

😊 Sure. Why not.(그럼요, 왜 안 되겠어요.)

흔쾌히 그녀의 아바타가 돼 줬다. 그런 방식으로 몇 차례 더 사진을 찍던 그녀는 아까보다는 조금은 더 밝아진 표정으로 고맙다는 말을 남기고 황급히 아드 디에르를 떠났다.

종종 걸음으로 떠나는 그녀의 뒷모습에 약간의 쓸쓸함이 밀려왔다. 언젠가 서울 한강 잔디밭에서 줄무늬 돗자리에 유부초밥, 와인 잔, 온갖 가지 과일을 예쁘게 차려 놓고 1시간 내내 사진만 찍더니 음식은 모조리 버리고 떠난 어느 커플의 모습이 스쳐 지나갔다. 이곳 페트라에서 빨간 하이힐과 하얀 원피스, 분홍 스카프라니. 그녀는 아드 디에르 앞에 모인 사람 중 가장 아름다운 여자인 동시에 제일 부자연스러운 모습이었다.

그 뒤 마릴린 먼로를 다시 만난 건 아드 디에르에서 밖으로 빠져나가는 계단 부근이었다. 그녀는 신발을 운동화로 갈아 신은 상태였다. 하얀 원피스와 뚱뚱한 운동화는 어울리지 않았다. 가상과 현실의 경계에 엉거주춤 서 있는 우스꽝스러운 모습이었다. 그녀의 뒤를 쫓는 남자친구의 표정이 다소 지쳐 보이는 것은 내 기분 탓이었을까.

그렇게 아드 디에르를 보고 나와 다시 목동들을 만났다. 오마르는 우리에게 내려가는 길에도 동키를 탈지, 아니면 그냥 걷다가 중간에 다시 만날지 선택하라고 했다.

이게 무슨 말인가. 분명 왕복으로 타기로 하고 가격을 매긴 건데 구간을 줄이자고? 이러면 얘기가 달라지잖아……. 그런데 듣고 있던 광일이 고개를 끄덕였다. "차라리 그게 낫지 않겠냐. 올라올 때도 휘청휘청 했었는데 내려가는 건 더 어렵겠지. 체력도 많이 빠졌을 거고."

일리 있는 말이었다. 등산할 때도 내려갈 때가 더 위험한 법. 가뜩이나 여기 동키는 가장자리로 위태롭게 다니는데, 혹여 발이라도 헛디디면 절벽 아래 낭떠러지로 같이 구를 수 있고, 그러면 금방 머리가 두 쪽 나는 경험을 하게 될 것이다. 그래 알았다. 좀 손해 보는 것 같긴 하지만, 아래에 내려가서 만나자꾸나.

잊힌 도시 페트라

03

메이드 인 차이나

#구연

사실 동키에게 사정없이 채찍질하는 아이들과의 동행은 애
초 계획에 없었다. 동키 가격을 협상할 때까지만 해도 아이들
은 코빼기도 보이지 않았다. 흥정을 시작한 사람은 아우디라는
사내였다. 대략 20대 초반의 얼굴이었는데, 그는 우리가 페트
라 입구를 지날 때부터 바짝 우리 곁에 붙어 떨어질 생각을 안
했다. 줄기차게 따라다니면서 사진을 찍어주거나 사진이 멋지
게 나오는 명당을 안내하며 사실상 수발을 들다시피 했다.

그의 계속되는 호의에 우리들의 마음도 조금씩 열리기 시작

했다. 게다가 불볕더위 속에서 걸으면 걸을수록 페트라를 우리
의 두 발로 완주할 자신도 차차 사라졌다. 아우디에게 가격을
묻자, 그는 처음에 1인당 65디나르를 불렀다. 65디나르면 25
만원이 넘는다. 우리는 고개를 획 돌려 그를 지나쳤다. 암만에
서 페트라까지 사사건건 흥정해 왔던 우리도 이제 더 이상 호
구가 아니다, 이 자식아.

마침내 트레져리 알 카즈나. 페트라의 하이라이트다. 땡볕
아래서 걸은 지 1시간. 챙겨 온 물로도 갈증이 가시지 않자, 슬
슬 동키의 도움이 필요해진 시점이라고 느꼈다. 이미 동키의
가격은 30디나르까지 내려간 상태였다. 나는 다른 동키 호객
꾼에게 말을 걸었다. 아우디가 조급해지도록 다른 호객꾼에게
먼저 가격을 물으며 흥정하는 척했다. 이에 다급해진 아우디는
나를 불러 귓가에 속삭였다.

    👤 아우디: 내가 너희들만 딱 20디나르에 해 줄게요.

훗, 짜식. 어느새 나도 협상의 달인이 됐군. 우쭐거리는 마음
으로 "deal!"(거래완료)을 외쳤다. 그러자 아우디가 그 아이들을
데려온 것이다.

그때까지만 해도 이 아이들이 그렇게 천진난만한 얼굴로 포
악하게 굴 줄 몰랐다. 사실 어린아이라면 세계 어디서든 티 없
이 순수할 것 같았다. 아우디가 데려온 이곳 페트라의 아이들
은 그런 통념을 단번에 깨뜨렸다. 특히 내 동키를 인도했던 목

동은 11살 제이드. 그는 흡사 골목대장 같이 목소리가 크고 행동에 거침이 없었다. 다른 동생들은 그런 제이드의 행동 하나하나에 반응하며 일사분란하게 움직였다.

제이드는 내게 처음 "니하오"라고 인사했고, 나는 "나는 한국인이고, '안녕하세요'라고 인사해야 한다."고 친절히 설명했다. 애들이 뭘 알겠나. 대수롭지 않게 넘겼다. 그러자 제이드는 자기가 아는 모든 중국어와 일본어, 한국어를 내뱉었다. 곤니찌와, 사랑해, 씨에씨에 등 동북아 3국의 모든 언어를 구사하며 내 관심을 끌었다. 이때까지만 해도 그런 모습이 귀여워 보였고 관심 가져줄만한 재롱이었다. 하지만 계속되는 제이드의 수다는 성가시기 시작했다.

> 제이드: Are you made in China?(너 '메이드 인 차이나'지?)

아마 제이드는 어디서 'Made in China'라는 말을 많이 들어봤던 것 같다.

No, I'm not. I told you I'm from Korea.(아니. 말 했잖아. 나 한국에서 왔다고.)

제이드: You are made in China!(너 '메이드 인 차이 나'잖아!)

Why do you say like that?(왜 그렇게 말하는 거야?)

제이드: …….

이런 대화가 한 세 번쯤 반복되니까 대응할 기운이 빠졌다. 내가 중국인 드립에 더 이상 반응하지 않자, 이번엔 주변 관광객들에게로 시비의 화살을 돌렸다. 지나가는 여성에게 "Do you want a donkey or husband?(당나귀를 원하나요? 아니면 남편을 원하나요?)"이라고 조롱하고 달아나는가 하면 어떤 남성에게는 "I have a donkey not for you, but for your wife(널 위한 당나귀는 없고, 네 와이프를 위한 당나귀는 있어)"라며 놀리기도 했다. 몇 차례 "I said stop!(그만 하라고 했잖아!)"라고 했지만 마이동풍이었다. 사람 놀려 먹는 재미에 맛 들린 11살 꼬마. 엄마표 사랑의 맴매가 약이겠지만, 나에게는 비장의 무기가 있었다.

If you do like that shit, I wouldn't give you tip.(그 딴 식으로 하면, 팁 안 줄 거야)

제이드는 머리통을 한 대 얻어맞은 듯 멍한 표정으로 나를 빤히 쳐다봤다. 동정표를 사려는 건가. 11살짜리 꼬마한테 너무 쩨쩨하게 굴었나? 하지만 곧 제이드의 요망스러운 입은 다시 포문을 열듯 내게 쏘아 댔다. "진짜 팁 줄 거야?", "얼마 줄 건데?", "지금 주면 안 돼?" 그의 입방정에 또다시 내 귀가 피곤해진다. 그러잖아도 페트라는 쉬운 여행지가 아니다. 땡볕을 피할 그늘이 없어 검은 머리카락은 쉴 새 없이 태양열을 빨아들이는 데다, 그날따라 바람 한 점 불지 않아 떨어지는 땀은 몸을 타고 줄줄 흘러내렸다. 그냥 모래 바람이라도 휘몰아치길 바랄 정도였다. 절벽과 바위, 산을 깎아 만든 이국적인 형태의 유적지들은 볼 때마다 탄성을 자아내고 호기심을 자극했지만, 힘든 건 어쩔 도리가 없다. 눈앞에 펼쳐진 진기한 유적과 역사를 가슴에 담는 일만으로도 버거운 이 시간, 꼬맹이들의 구걸은 견디기 힘든 소음이었다.

I'll give you tip after my tour.(관광이 끝나면 줄 게)

팁이란 말에 제이드는 또다시 잠잠해졌다. 팁은 이곳에서 절대 권력 같았다. 모든 여행을 마치고 동키를 빌렸던 곳으로 돌아올 때쯤 아우디가 돈을 받기 위해 다시 나타났다. 제이드에게 약속한 말이 있었기에 아우디에게 아이들 몫의 팁을 줬다. 1디나르. 내가 준 팁 중 가장 짠 편이다. 동키에서 내려 출구 쪽으로 발걸음을 옮기는데, 어두운 표정의 제이드가 발로 땅을 끌며 터벅터벅 걷는 모습이 눈에 들어왔다. 아우디가 제이드에게 팁을 주지 않았나? 제이드를 불러 동전이라도 쥐어줄까 생각도 했지만 그러지 않았다. 제이드가 보여준 행동은 팁은 고사하고 원래 약속한 돈마저 주기 싫을 만큼 무례한 것이었다.

나중에 알게 된 사실이지만 아우디나 제이드는 전통 베두인이 아니라 일종의 집시(Gipsy) 같은 녀석들이라고 한다. 여행자들을 상대로 돈을 뜯어내는 게 아이들의 일상이었을 것이고, 어른들도 그런 제이드를 내버려 뒀을 가능성이 높다. 아니, 어쩌면 그런 행동을 장려했겠지. 오히려 제이드가 가여워지는 마

음이었다. 아우디에게 돈을 지불할 때 제이드의 행동에 대해
얘기했고, 주의를 주라고 당부해 줬다. 아우디가 꼭 야단이라
도 쳐서 제이드가 잘 되길 바랄 뿐이다. 페트라를 나오면서 요
르단까지 와서 너무 오지랖을 넓힌 건 아닌지 약간 자책하긴
했는데, 지금 생각해도 그 판단에 후회는 없다.

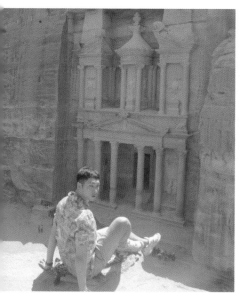

알 카즈네 맞은편 협곡에 오르면 이런 '포토 존'을 찾을 수 있다.
우리는 페트라에서 내려오는 길에 굳이 이곳에 들러 사진을 남겼다.
다만 좁은 바위틈에서 1디나르를 내야 입장할 수 있다.

잊힌 도시 페트라

04

촛불 따라
나이트 페트라

#광일

페트라 주변 로컬 식당에서
간만에 배를 불렸다.

페트라 관람을 마치고 방으로 돌아왔다. 땀으로 젖어버린, 그래서 찝찝했던 티셔츠를 훅하고 벗어 던졌다. 무더위 속에 스스로를 반나절 동안 혹사한 탓이다. 역대급 햇볕을 견디느라 분투해서였는지 혼이 쏙 나가 버렸다. 우리는 숙소에 들어서자 마자 얼른 에어컨을 켜고 침대에 걸터앉았다. 그리고는 헉, 헉, 숨을 골랐다. 체력 고갈, 아니 방전이었다.

교대로 샤워를 하고 난 뒤에야 그나마 정신을 차렸다. 물론 일정을 이렇게 끝낼 순 없었다. 아직 오후 3시. 오늘은 이곳 페 트라에서의 마지막 날이었다. 나는 이렇게 멍 때리고 앉아 휴 식 시간을 좀 갖고 싶었다. 내일 이후 계획도 정리를 좀 해야 했다. 오늘이 이곳 페트라에서의 마지막 밤인데 '다음 작전'이 아직 짜이지 않았기 때문이다.

반면 구연은 밖으로 나가고 싶어 했다. 특히 알 카즈네에서 바라본 석양과 밤에 개장하는 '나이트 페트라'에 주목했다. 나 이트 페트라는 페트라 입구부터 알 카즈네까지 촛불 수백개를 죽 깔아두고 그 몽환적 길을 걷는 이벤트란다. 월, 수, 목. 이렇 게 일주일에 세 번 정도 진행하는데, 오늘이 월요일이니 타이

밍이 맞았다. '완급 조절'을 중시하는 나와 '몰아치기'에 능한 구연의 성향은 이렇게 일정을 계획하면서 드러났다.

> 야, 아니면 우리, 일정을 나눠볼까?
>
> 어떻게?
>
> 내가 먼저 가서 석양 찍고 오면, 니가 이따가 나이트 페트라를 가 보는 거지.
>
> 아, 아예 따로 가자고?
>
> 그게 최선인 것 같아. 어차피 그거 둘 다 가기 어려울 거고, 나는 뭐가 됐든 빨리 마치고 와서 쉬고 싶거든.
>
> 그래, 일 분배하면 좋지. 근데 이거 무슨, 취재하러 가는 것 같지 않냐?

여행이 아니라 해외 출장 온 것 같다는 이 말에, 우리는 한참을 낄낄댔다. 물러섬 없던 미묘한 의견 차이는 이렇게 한 마디 실없는 농에 눈 녹듯 풀어졌다. 다만 휴가차 놀러 와놓고 왜 이렇게 고생을 사서 하는 건지 모르겠다. 그러다 곧이어 들리는 코 고는 소리. 뭐야, 이렇게 갑자기 잔다고? 갑자기? 그래, 피곤하긴 할 거야……. 지난주 내내 쉼 없이 일한 뒤 곧바로 이곳 요르단으로 넘어온 우리였다. 주말 아침이면 으레 취했을 '꿀잠'도 건너뛰었고 요르단으로 넘어와서도 충분히 쉬지 못한 터였다. 여기에 시차 적응도 아직 안 됐을 게다. 그렇게 짐작하면서 핸드폰을 보는데, 어라? 나도 눈이 감기더니 스르륵 잠에 빠졌다.

아쉬운 단잠을 마치고 다시 나갈 채비를 했다. 얼굴에 선크림을 펴 바르고, 얇은 외투를 챙겨 입었다. 알 카즈네의 해 질 무렵 장관을 찍기 위한 만반의 준비였다. 이어 손가방에 카메라를 담고 혼자서 차에 탔다. 그리고는 스마트폰 구글 지도 어플에 '페트라'를 찍었다. 내비게이션으로 쓰기 위해서였다. 그런데 이게 웬 일. 빨갛게 적힌 네 글자가 날 크게 당황시켰다. '영업종료', 이럴 수가! 관람 시간이 벌써 끝났단다. 야간 개장까지 한다기에 입장 시간이 따로 제한돼 있을 거라곤 상상도 못 했었다. 설마하고 블로그 후기들을 검색해 봤지만 결론은 같았다. 에이……. 후퇴다. 제대로 알아보지 않았던 내 탓이다. 출발하기 전에 알았다는 게 그나마 다행이라면 다행이겠다.

페트라의 노을은 달콤한 빛을 낸다.
숙소가 있던 주변 와디무사의 네모진 건물들도 석양 빛을 받아 로맨틱한 분위기를 연출한다.

페트라를 찾은 건 결국 저녁 늦은 시간이었다. 그러나 매표소 앞에서 다시 한번 위기에 봉착했다. 나이트 페트라 입장권 판매 시간이 지나버렸다는 직원의 단호한 일성에 우린 아무 말도 할 수 없었다. 운영 시간을 정확히 알아보지 않고 늑장 부리다 나이트 페트라마저 늦어 버린 것이다. 누굴 탓할 수도 없는 노릇이지만 그렇다고 이렇게 돌아가기엔 차마 발길이 떨어지지 않았다. 방법이 없을까. 조용히 속삭였다. 어차피 한국말이라 아무도 알아듣지 못하겠지만.

🙂 우리, 아까 봤던 그 길로 들어가면 되지 않을까?
🙂 담 넘자는 말이냐? 그러다 걸리면 어째?

사람들이 모르는 출입구를 알게 된 건 오늘 아침이었다. 길을 잘못 들면서 우연히 발견했다. 페트라 관계자나 말, 동키 등 짐승이 오가는 통로였다. 돌담을 한 번 넘어야 했지만 가슴팍 정도 되는 높이라 그리 어렵지는 않아 보였다. 주변에 가로등도 없고 깜깜해서 쉽게 발각될 것 같지도 않았다. 하여 머릿속으로 시나리오를 짜기 시작했다. 그런데 그때 근처를 지나던 한 직원이 우리에게 말을 걸어왔다. 영어 발음이 끔찍했지만 대충 '정문 출입구 쪽으로 가 보라'는 얘기인 듯했다. 덕분에 월담 계획, 그 무책임한 일탈은 일단 접을 수 있었다.

그의 말대로 입구에선 입장권을 구할 수 있었다. 한 명당 17 디나르. 매표소에 적힌 것과 가격은 같았다. 다만 한 가지 의아한 게 있다. 우린 별도의 표를 받지 못했다. 우리가 낸 34디나르가 혹시 이들의 주머니로 꽂힌 건 아닐까.

한밤중 알 카즈네로 들어가는 길을 좌우에 늘어선 호롱불이 안내하고 있다.

알 카즈네로 들어가는 길은, 밤이 되니까 더욱 이국적인 모습이었다. 좌우로 10m마다 놓인 호롱불 외에는 사방이 캄캄했고, 달빛에 비친 바위산만 붉은 빛을 살짝 내고 있었다. 지구가 아닌, 태양계 다른 행성을 걷는 느낌이었다. 환할 때와는 또 사뭇 다른 그림이었다. 사람 없을 때 들어가니 왠지 운치도 더 있는 것 같았다. 낮에 봤던 잡상인이나 호객꾼도 보이지 않았다.

구연은 중간중간 걸음을 멈추고 별이 떠 있는 하늘을 찍었다. 저걸 찍겠다며 한국에서 하루는 밤에 천문대까지 가서 예행연습을 했다고 한다. 그가 부산하게 삼각대를 고정하는 동안 난 손가방에서 액션캠을 꺼냈다. 죽어버린 내 것 말고, 이번엔 구연의 고프로를 대신 들었다. 그런데 앗, 손이 미끄러지면서 고프로를 놓쳤다. 땅에 떨어뜨리고 말았다. 그것도 하필 단단한 돌이 있는 쪽으로 떨어져 '뚝' 하는 소리가 크게 들렸다.

다행이라고 해도 될지 모르겠지만, 구연은 듣지 못한 눈치였다. 나는 고프로를 조용히 주웠다. 그리고는 혹시 어디 금이라도 갔을까 싶어 이리저리 돌려가며 사방을 확인했다. 그러다 정면 렌즈 한쪽 틈에 모래 알갱이가 하나 끼어있는 걸 발견했다. 그 모래를 빼내려고 손톱으로 긁었다. 아……. 그게 실수였다. 손톱에 닿은 부분, 렌즈 한쪽이 아예 벗겨져 버린 것이다. 외관상 티가 잘 나지는 않았지만, 변화가 생긴 곳이 렌즈라면 얘기가 달라진다. 큰일이다. 이틀 동안 2개나 망가뜨리다니.

> 거기서 뭐하고 있냐?
> 아니야. 아무것도.
> 뭐라고?
> 나 저기 화장실 좀 갔다 올게.

화장실에 꼭 가고 싶던 건 아니다. 그저 시간을 좀 벌기 위해, 이런 말이 불쑥 튀어나온 것 같다. 꼭 거짓말을 하려던 것도 아니다. 다만 당장 뭐라고 설명해야 할 지 머릿속에서 정리가 잘 되지 않았다. 물론 그런 고민을 차분히 전개하기에, 화장실 환경은 그리 녹록치 않았다. 외관은 양변기였는데 아래가 뻥 뚫려 있었다. 푸세식과 양변기를 이렇게 결합하다니. 밤이라 그런지 파리는 없었지만 냄새를 오래 견디기 어려웠다. 저 밑에서 올라오는 오물 분자가 내 깨끗한 콧속으로 들어오는 게 불쾌했다. 얼른 밖으로 나와 다시 구연 앞에 섰다.

> 🙂 미안한데, 내가 아까 떨어뜨리면서 렌즈가 이렇 게 돼 버렸네. 한쪽이 울었어, 미안해.

돌아온 대답은 의외였다.

> 🙂 찍는 데는 문제없지?
> 🙂 어 그런 것 같아. 왜곡이 보이거나 하진 않더라 고. 지금은.
> 🙂 그럼 됐지. 얼른 가자.

와, 내가 친구 하난 정말 잘 뒀구나.

발걸음을 재촉해 시크 안쪽으로 진입했다. 맞은편에서 내려오는 사람들이 하나둘 보이니 슬슬 조급해졌다. 이러다 알 카즈네에 도착하기 전에 폐장되면 어쩌나. 하여 걸음을 조금 더 재촉했다. 수십 명씩 몰려서 빠져나오는 모습을 본 뒤부터는 아예 뛰기 시작했다.

다행히 알 카즈네에 도착할 때까지 쫓겨나진 않았다. 덕분에 신전 앞에 수백 개의 촛불이 쫙 깔려 있는, 나이트 페트라의 최고 장관을 볼 수 있었다. 우리보다 훨씬 먼저 들어와 있었을 것으로 보이는 관광객 수백 명도 여전히 그 황홀한 풍경을 넋 놓고 보고 있었다.

"여기는~ 페, 트, 라!"

등 뒤에서 낯익은 한국인 목소리가 들려왔다. 아마 구연을 제외하면 이곳 요르단에서 들었던 첫 번째 우리말이었을 게다. 얼른 고개를 돌려 봤다. 자신들을 향해 고프로를 치켜들고 있는 여성 2명이 보였는데, 보아하니 옷차림도 딱 한국인이다. 대충 우리와 비슷한 또래가 아닐까 싶다. 그러다 금세 눈이 마주쳤다. "안녕하세요, 여기서 한국 사람 처음 보네요" 그들도 한국인은 처음이라고 한다. 수백의 인파 속, 선 자리에서 몇 마디 대화를 주고받았다. 그들은 직장 선후배로 우리처럼 2주간 함께 여행을 왔다고 했다. 얘기를 오래 나눌 순 없었다. 다음 여행지가 와디럼, 그리고 이집트까지 간다는데 연이 있으면 또 볼 수도 있겠지.

참, 돌아오는 길에 들었는데, 구연은 애초부터 알고 있었다고 한다. 고프로 렌즈 유리가 벗겨진 게 아니라, 그 위에 씌워 놓은 투명 스티커가 울었을 뿐이라는 걸 말이다. 에잇, 뭐야. 괜히 혼자서 마음 졸였다.

3
4
5
6

잊힌 도시, 페트라

붉은 사막 와디럼

시키비 트게부가

01

두근두근 다음 곡

영상으로 보기

#광일

새벽 5시 30분. 제 시간에 일어났다. 어제 하루 워낙 고된 일정을 보낸 탓에 늦잠을 자면 어쩌나 하고 걱정했는데 다행이었다. 그리고는 후다닥 짐을 챙겨 나와야 했다. 와디럼의 투어 프로그램이 오전 9시면 시작한다는데, 이곳 와디무사 발렌타인에서 차로 족히 2시간은 걸릴 것으로 보였다.

혹시 졸음운전을 하지는 않을까 걱정했지만, 기우였다. 서늘한 바람과 사막의 흙냄새는 청량한 사이다 같이 우릴 깨웠다. 또 창밖으로 펼쳐지는 황량한 사막, 그 낯선 이국적 조망에 우

린 감탄사를 연발했다. 너른 대지에 쭉 뻗은 한 갈래 길을 질주
하는 일은 오히려 정신을 맑고 또렷하게 했다. 카 오디오에 쩌
렁쩌렁 울리는 노래를 틀고, 우리는 어깨춤을 추며 붉은 사막
와디럼을 향해 내달렸다.

 사막 투어를 책임질 업체 이름은 '노마즈(Nomads)'였다. 유목
민을 뜻한다. 사무실 근처에 렌터카를 대 놓고 집합소 안쪽으
로 들어갔다. 그곳에는 놀랍게도 우리와 생김새가 비슷한 사람
들이 잔뜩 있었다. 구연과 나, 우리와 비슷한 또래의 한국인 남

녀, 역시 또래로 보이는 남성 2명이 각각 그룹별로 앉았다. 중국인 가족과 스페인 사람인 백인 남녀 한 쌍도 구석에서 출발을 기다리고 있었다. 그리고 우리보다 늦게 한 그룹이 또 들어왔다. 한국인 여성 2명이었다. 어? 낯이 익은데……. 어제 페트라에서 만났던, 자신들을 '직장 선후배'라고 소개했던 이들이었다. 와디럼에 간다는 건 알고 있었지만, 투어까지 겹치다니. 반갑습니다!

  본격적인 투어는 지프차 두 대를 나눠 타면서 시작됐다. 한 대에는 중국인과 스페인 커플을 태웠고, 다른 한 대에는 한국

인을 몰았다. 이곳 요르단에서 한국 사람을 이렇게 한 번에 많이 본 것도 신기한데, 비슷한 또래끼리 모인 것 같아 앞으로가 기대됐다. 노마즈는 스페인 주인장이 운영하는 만큼 손님도 주로 스페인 사람이 많다고 하는데 오늘만 예외였다고 한다.

마을을 벗어나자 곧바로 사막이 나왔다. 한 번도 본 적 없는 곳이지만 상상할 수 있는 곳이기도 했다. 얼마 전 디즈니 애니메이션 영화 〈알라딘〉을 보면서 머릿속에 그렸던 그대로였다. 한 치 앞부터 저기 지평선까지 붉은 모래가 부드럽게 깔렸고, 곳곳에는 독특한 모양의 바위산, 그리고 기암괴석이 우뚝 솟았다. 모래 속 금속이 산화해 붉은빛을 띠게 됐다는데 그간 막연하게 상상했던 사막의 모습보다 훨씬 고혹적이었다. 또 직선으로 가득한 서울의 빌딩 숲과는 판이한, 곡선 세상이었다.

대책 없이, 요르단

평지를 달리던 지프는 방향을 틀어 바위산 주변으로 다가 갔다. 가이드를 맡은 현지인 '노와프'는 영어를 썼지만 이슬람 특유의 딱딱한 발음이었다. 그는 여기가 오아시스 'Lawrence Spring'이라고 소개했다. 정말 오아시스가 있었다. 그리고 한쪽 엔 약수터 같은 시설이 마련돼 있었다. 그리고 이 약수는 인공 파이프를 타고 한쪽에 다시 모아졌다. 삼국시대 신라 귀족들이 연회를 벌이던 물길 '포석정'이 연상되는 모습이었다.

포석정에는 낙타 10여 마리가 노닐고 있었다. 이곳의 낙타 들은 페트라나 다른 지역에서 본 것과는 달랐다. 방목이라고 할 수 있으려나. 어딘가 묶여 있진 않았다. 나중에 알고 보니 그게 베두인 풍습이라고 했다. 사막 어디에 풀어 놔도 목이 마 르면 이곳 오아시스 캠프로 돌아올 수밖에 없는 터라, 소유자 를 확인하기 위한 표식만 살짝 몸에 새기면 된단다. 그래서 그 런지 낙타들의 표정은 모두 고요하고 평온해 보였다. 마치 자 기들이 사막의 진짜 주인이라는 듯이.

나는 그런 낙타들에게 가까이 다가가지 못했다. '메르스 악 몽'이 완전히 가시지 않아서 그런지 솔직히 좀 꺼려졌다. 물론 이곳의 낙타들은 워낙 평온하고 한가해 보여서, 그런 신종 질환 따위와는 거리가 있어 보였고, 그래서 미안했지만, 그래도 거부감이 느껴지는 건 어쩔 수 없었다. 어쩌면 개인적 인연 때문인지도 모르겠다. 중동 호흡기 증후군, 메르스는 하필 내가 수습 기자였던 시절 국내에 퍼졌다. 당시 나는 주로 삼성서울병원이나 현대아산, 서울대병원 등을 돌며 응급실에 잠입하고, 희생자 유가족이나 자가 격리자들을 인터뷰하는 일을 맡았다. 무서울 게 없을 때였고 누구보다 당돌했지만 그때 깊이 새긴 경계심이 아직까지 몸에 남은 듯하다. 겁대가리 없는 구연과 달리, 기념사진도 멀찌감치 떨어져서 찍었던 이유다.

머리에 두른 요르단 전통 천은 '오아시스' 한쪽에 마련된 노점 천막에서 구입했다.

두 번째 코스는 '붉은 모래 언덕(Red Sand Dune)'이었다. 오아시스가 맛보기였다면 여긴 그냥 진짜 사막. 막연하게 상상했던 바로 그곳이었다. 차에서 내린 우리는 숨 가쁘게 언덕을 올랐다. 높이는 20m쯤. 한쪽에 놓인 돌계단 덕에 수월하긴 했지만 생각보다 가팔랐다. 이곳이 왜 투어 코스에 포함됐는지는 정상에 다다를 무렵 알 수 있었다. 탁 트인 평지와 그 위로 솟은 기암괴석. 포토존이었다. 구연과 나는 이곳에서 그동안 아껴왔던 서로의 사진을 마음껏 찍었다. 내가 '발차기 포즈'를 본격적으로 시전한 건 이때부터였다. 밋밋한 포즈가 지겨워서 시도해봤는데 의외로 역동적인 사진이 나왔다. 당장에 그 포즈로 한참을 찍었는데, 마지막 컷에서 문제가 생겼다. 공중을 향해 발을 힘차게 뻗었을 때 어디선가 '드르륵' 하는 소리가 났다. 엄마야, 바짓가랑이가 찢어졌다.

대책 없이, 요르단

대책 없이, 요르단

내려올 땐 돌계단을 이용하지 않았다. 모래를 사뿐히 지르밟고 걷다가 보폭을 넓혀 뛰었다. 아니 날았다. 체중을 신자 스스로 감속할 수 없을 정도로 속도가 붙었고 다리도 쭉쭉 뻗었다. 잠시나마 천진한 아이처럼 굴고 싶었다. 다른 이들이 '쟤네 뭐야' 하며 쳐다보는 것 같았지만 신경 쓰지 않았다. 흰색 운동화에 붉은 모래가 잔뜩 묻은 걸 알고도 너털웃음 지으며 지프에 오를 뿐이었다.

이어 '카즈알리 계곡(Khazali Canyon)'을 잠시 거친 뒤 '돌다리(Little Bridge)'에 도착했다. 근처에는 우리보다 먼저 도착한 지프 여러 대가 주차돼 있었다. 기암괴석 한복판에 높이 3m, 길이 4m의 아치형 다리. 그다지 특별할 건 없어 보였지만 이곳도 포토존이었다. 사진을 찍기 위해 순서를 기다리는 관광객 열댓 명이 한쪽에 죽 늘어섰다. 순간 피식 웃음이 났다. 이 황량한 사막 한 가운데 줄이 서다니. 여기도 똑같구나. 물론 구연과 나도 그 대열에 합류했고, 갖은 똥폼을 잡은 뒤에야 내려왔다.

（👤） 노와프 : 다음 목적지까지는 10km쯤 이동해야

하니, 염두해 둬.

（🙂） 헐, 노와프, 해가 중천에 떴잖아. 우리 밥은 언제

먹어?

아무리 차를 타고 다닌다지만 사막 한 가운데를 탐험하는 일은 사실 체력이 많이 소모되는 일이었다. 더구나 아침 식사를 거른 상태에서, 따가운 햇볕을 견뎌야 하는 상황. 그런 우리를 노와프는 바위틈 그늘진 곳으로 이끌었다. 그리고는 평평한 모래 위에 대형 돗자리를 펴라고 했다. 알고 보니 지금부터 점심 시간이었다. 10km쯤 더 가야 한다는 말은 그저 지친 우리를 떠보는 농담이었던 것이다.

그곳에 둥그렇게 모여 앉았다. 그리고는 노와프가 건넨 바나나, 음료, 쿠키를 나눠 먹었다. 멤버는 8명. 모두 둘씩 짝이 있었다. 구연과 나, 형제, 한 쌍의 커플, 그리고 페트라에서 봤던 바로 그 직장 선후배였다. 첫 번째 대화 주제는 역시 여행이었다. 어느 나라를 거쳐 여기까지 왔는지, 그 나라는 어땠는지, 다음

엔 어디로 갈 예정인지……. 서로의 여행을 묻고, 또 공감했다. 한국에 있을 때 어디에서 무엇을 하고 살았는지는 가급적 묻지 않았다. 선입견을 갖지 않고 사람 그대로, 여기서의 모습 그대로로 바라볼 수 있어 좋았다.

그렇게 30분쯤 지났을까. 노와프가 요리를 내왔다. 저쪽 구석에서 혼자 마른 가지에 모닥불을 피고 준비한 현지 음식이었다. 나는 여기서 홈무스를 처음 봤다. 홈무스는 삶은 병아리콩을 으깨어 만든 중동의 대중 음식이다. 주로 넓적한 빵을 찍어먹는 소스로 이용되거나 식전에 입맛을 돋우기 위해 따로 제공된다고 한다. 달거나 짜지 않지만 나름 담백한 게 먹을 만했다. 그보다 입에 맞는 건 한 가운데 놓인 탕(湯)이었다. 다진 토마토에 콩 등을 놓고 끓인 요리였는데 얼핏 우리의 부대찌개 같은 맛이 났다. 이 밖에 빵과 치즈, 토마토와 올리브가 들어간 샐러드가 함께 놓였다. 마음 놓고 배불리 먹을 수 있었다.

그렇게 먹고 나니 슬슬 노곤해졌다. 노와프는 오후 3시, 그러니까 지금부터 1시간 30분 뒤에 출발하겠다며 그때까지 알아서들 누워서 쉬라고 했다. 가장 뜨거운 시간을 피하려는 배려로 보인다. 오후에 또 힘내서 돌아다니려면 그 말을 들어야 했다. 바닥에 깐 대형 돗자리는 8명이 편히 눕기에 충분하지 않았지만, 그렇다고 또 부족하지도 않았다. 나름대로 자세를 잘 잡아서 모두 두 다리를 쭉 뻗었다. 아귀가 딱 맞았다.

돗자리에 누워 바라본 하늘

붉은 사막 와디럼

누워서 하늘을 바라봤다. 좌우엔 황토색 기암괴석이 층층이 굽이쳤고 그 사이 좁은 틈으로 파란 하늘이 보였다. 오랜만에 만끽하는 파란 하늘. 구름 한 점 없이 투명했다. 그저 이렇게 바라보고 있는 것만으로도 마음이 뻥 뚫렸다. 음악까지 더해지면 금상첨화일까 싶어 가방에 챙겨놓은 블루투스 스피커를 꺼냈다. 사람들과 함께 들을 수 있도록 바위틈에 스피커를 고정해놓고 스마트폰을 만지작거렸다. 무슨 음악을 켜야, 이 한적하고 여유 있는 분위기를 잘 살리면서 요즘 트렌드까지 잘 맞출 수 있을까. 가슴을 후벼 파는 발라드를 틀까 아니면 흥겨운 팝으로 갈까. 오늘 처음 보는 사람들에게 음악 취향을 나눈다는 게 조금은 부끄럽고 부담이 됐다.

그런데 평소 이용하던 음악 어플이 켜지지 않았다. 사막 한복판이라, 인터넷이 터지지 않았던 것이다. 그나마 기기에 저장해 놨던 MP3 음원 파일이 있긴 했지만 평소 잘 듣지 않던 것들이었다. 상당수가 학창 시절 야간 자율학습 때, 즉 15년쯤 전에 들던 것들이라 랜덤으로 틀어 놓으면 뭐가 나올지 나도 알 수 없었다. 이럴 줄 알았으면 언제든 업데이트를 좀 할 걸 그랬다. 그런 내게 사람들은 '노래 들으면 나이를 가늠할 수 있겠다'며 배시시 웃었다.

그리고 흘러나온 첫 노래. 모두가 귀를 쫑긋 세운 가운데 익숙한 현악기 소리와 피아노 반주가 사막을 울렸다. 두 마디의 짧은 전주가 끝난 뒤 바로 등장한 보컬의 목소리. "점점, 넌 멀어지나 봐. 웃고 있는 날 봐……." 모두가 알고 있는 명곡, 브라운아이즈의 〈점점〉이었다. 짐작했던 대로 '그 시절' 노래가 나오자 다들 뒤집어졌다. 옆에 누워 있던 형제 중 한 명이 별안간 일어나 내게 하이파이프를 건네기도 했다. "반갑다 친구야!" 자기도 고등학생 때 이 노래를 들었단다. 민망하고 부끄럽지만 나 역시 웃음을 참을 수 없었다. 아니, 그 많은 노래 중에 왜 하필 브라운아이즈냐고. 크러쉬도 있고 찰리 푸스도 있었단 말야…….

다음 트랙으로는 콜드플레이(Coldplay)의 〈Yellow〉가 나왔다. 사실 이 노래도 20년 전에 나온 것이었지만 그걸 아는 사람은 다행히 없어 보였다. 몇몇이 '어디서 들어본 것 같다'며 억지로 기억하려 애쓸 뿐이었다. 하기야 그럴 수밖에. 반복적인 기타 루프로 대중에게 쉽게 다가가는 지금의 콜드플레이 음악과 달리, 초기 작품은 이렇게 서정적인 멜로디에 마이너한 감성이 담긴 경우가 많았다.

그중에서도 지금 나온 〈Yellow〉는 내가 가장 좋아하는 곡이다. 특히 세월호 참사 4주기를 맞는 지난 2017년 4월 16일, 콜드플레이 내한공연에서 이 노래 연주 중 10초간 묵념이 있었던 건 잊지 못할 감동이었다. 난 당시에 막 인양된 선체를 취재하기 위해 목포신항에 있었다. 때문에 콘서트를 직접 보지는 못했다. 하지만 덕분에 외국 밴드의 이 짧은 위로가 유가족들에게 얼마나 힘이 되는지 곁에서 지켜볼 수 있었다. 추모를 상징하는 '노란 리본'에 한국 사회가 광기 어린 혐오를 보냈다는 점과 대비돼, 더욱 가슴이 아팠던 기억이 있다.

이런 경험까지 다 나누진 못했지만, 어쨌든 콜드플레이가 선사한 얼터너티브록은 여기 모인 이들의 긴장을 누그러뜨렸다. 적어도 내 마음은 그랬다. 어쿠스틱 기타의 따뜻한 스트로크는 파란 하늘 그리고 솔솔 불어오는 바람과 어우러졌고 후반부의 날카로운 일렉트릭 사운드는 숨 가쁘게 달려온 이번 여행 일체를 상기하게 했다. 그러다 스르르 잠에 들었다.

잠에서 깬 구연이 노와프에게 무슬림식 기도를 배우는 모습

붉은 사막 와디럼

02

내가 죽으면 네가 쓰고,
네가 죽으면 내가 쓰고

#구연

대책 없이, 요르단

사막 한복판에서 낙타 무리와 조우했다.
알고 보니 노와프가 키우는. 그가 소유한 낙타들이었다.
이들은 어디에도 묶여 있지 않고 이렇게 자유로이 노닐다
목이 마르면 오아시스로 돌아온다고 한다.

붉은 사막 와디럼

온돌방처럼 뜨끈뜨끈한 사막의 지표면에서 지져진 몸은 오후부터 축 처지기 시작했다. 천근만근 몸뚱이를 달래준 건 새로운 DJ였다. 광일의 스피커에 일행 중 다른 사람의 스마트폰을 연결했는데, 그의 첫 번째 선택은 블랙핑크 제니의 싱글곡 〈솔로〉였다.

 DJ가 바뀌니까 분위기가 좀 사네.

내가 광일을 골리듯 쳐다보며 히죽히죽 웃었고, 새로운 DJ는 기분 좋은듯 볼륨을 높였다. 우리들은 익숙한 최신곡들이 퍼지는 두 평 남짓한 트렁크를 들썩거리는 디스코 무대처럼 발을 굴렀고, 노래방 민족답게 떼창을 부르며 하나가 됐다. 노동요가 노동의 고됨을 달래듯 우리의 피로도 약간은 가시는 기분이었다. 그렇게 들썩들썩 신나게 까부는 사이 목적지에 도착. 아, 조금만 더 가지. 막상 또 트럭에서 내리려니, 발목에 모래주머니를 한가득 맨 사람처럼 몸이 굼떴다. 이번 도착지는 '로렌스의 집(Lawrence House)'이라는 곳이었다.

'로렌스'라고? 전혀 요르단스럽지 않은 이름은 뭐지. 정확한 이름은 토머스 에드워드 로렌스. 이름이 말해주듯 그는 요르단 사람이 아니라 영국인이다. 요르단을 비롯한 아랍 민족들이 오스만 제국에 지배를 받을 당시 아랍 민족들이 영국군의 지원으로 독립 전쟁을 치렀는데, 이때 혁혁한 공을 세운 인물이 로렌스 중령이다. 그래서 로렌스의 유적과 행적이 요르단 곳곳에 남아 있다고 한다. 우리나라로 치면, 인천상륙작전을 이끌었던 더글라스 맥아더 장군 같은 느낌이다.

솔직히 맥아더 장군의 집도 안 가봤는데, 남의 나라 독립 전쟁 중 희생된 군인의 집이 얼마나 가슴에 와 닿겠나. 쏟아지는 햇볕과 올라오는 지열로 후끈거리는 얼굴에 물 한 번 끼얹으며 주변을 돌아봤다. 더우니까 관찰도 점차 성의가 없어졌다. 그게 그거네, 뭐. 푸념을 읊조리며 걷는데, 갑자기 조그마한 돌탑 하나가 눈에 들어왔다. 우리나라 산에 가면 등산객들이 하나씩 쌓아 놓는 그런 친근하고 귀여운 돌탑이다. "야, 이거 뭐야?" 내가 신기한 듯 말하니, 광일이가 어깨를 툭툭 치며 "저기 위에 봐봐."

　　바위산 능선을 따라 크고 작은 돌탑이 수천 수백 개가 늘어
서 있었다. 마치 공동묘지나 종교 의식이 거행되는 사막의 성
지 같은 느낌이었다. 노와프에게 물으니, 별다른 뜻은 없다고
했다. 일부 방문객들은 로렌스 중령의 헌신에 대한 감사를 뜻
하는 의미로, 일부는 그냥 재미로 쌓았다고 한다. 나도 돌탑을
쌓았다. 로렌스 중령을 떠올리긴 했지만, 그런 진지한 마음보
다는 이 수많은 돌탑들 속에 내 흔적 하나 만들고 싶은 욕심이

더 컸던 것 같다.

다음 코스는 '아부 카샤바 협곡(Abu Khashaba Canyon)'이었다. 로렌스의 집에서 불과 차로 10분밖에 달리지 않은 탓에 아직 충분한 쉬지 못한 기분이었다. 노와프는 피곤하면 안 가도 된다고 했다. "차에서 삐댈까?" 내 물음에 "여기까지 온 김에 그냥 가자"라는 광일이. 듣고 보니 백번 맞는 말이어서 그를 따라나섰다. 협곡은 좁은 바위틈으로 나 있는 길을 따라 쭉 걷는 것이었는데, 30분 정도가 걸렸다. 괜히 왔네. 속으로 생각했는데, 광일이의 표정도 별로 안 좋았다. 것 봐라, 너도 후회되지? 자기가 가자고 했으니 싫은 소리도 못하는 눈치였다.

그리고 도착한 마지막 도착지. 극기 훈련 같은 강행군이지만 어금니 한 번 꽉 깨물고 차에서 내렸다. 그리고는 눈앞에 나타난 거대한 바위산과 마주했다. 15m의 거대한 두 바위산이 폭 1m쯤 되는 좁디좁은 바위 다리로 연결돼 있는 기묘한 형상이었다. 이곳 이름은 '움 푸루트 바위 다리(Um Fruth Rock Bridge)'다. 얼핏 보면 인위적으로 만들어진 다리 같기도 하지만, 수천 년간 풍화작용으로 만들어진 100% 순수 자연의 작품이란다.

저기서 사진을 찍으면 인생샷 하나 건질 것 같긴 한데, 올라가
는 길이 문제다.

계단은커녕 붙들만한 줄도 없었다. 정말 안전장치가 전혀 없
어서 황당한 기분도 들었다. 아니, 이따위로 만들어놓고 여행
자들을 불러? 바위의 비탈면을 따라 천천히 올라가는 게 유일

한 방법인데, 혹시나 한 걸음 헛디뎌 떨어지면 크게 다칠 것, 아니 골로 갈 것 같았다. 워낙 사막 한복판이라 신병 처리도 쉽지 않을 것 같고, 부고 소식이라도 국내로 잘 전해질 수 있을까……. 험한 상상과 함께 올라갈까 말까 망설이며 광일에게 먼저 농담을 건넸다.

 야, 여기서 죽으면 변사 기사는 누가 쓰냐?

변사는 뜻밖의 사고나 범죄 등으로 인해 사망하는 것을 말한다. 섬뜩하게 들리겠지만, 사회부 기자들은 매일 같이 쓰는 익숙한 용어다. 광일이가 쿨하게 답하며 먼저 앞장섰다.

 뭘 또 새삼스럽게 그러냐. 내가 죽으면 니가 쓰고, 니가 죽으면 내가 쓰는 거지.

애써 불안감을 억누르고 바위를 타기 시작했다. 스파이더맨처럼 두 발과 두 손을 바위에 착 붙이고 엉금엉금 기어 올라갔다. 생각보다 괜찮은 걸? 어느 순간부터 자신감이 생기면서 제법 속도가 붙었고, 어느덧 중간 지점에 있는 좁은 폭의 길에 다다랐다. 그곳에 올라서서 바위 벽면을 따라 나 있는 길을 조심스럽게 걸었다. 정말 사람 딱 한 명 걸을 만한 폭이었다. 그 밑은 10m 낭떠러지. 숨 쉬는 것조차 잊을 만큼 긴장하며 한 발 한 발 내딛는데, 앞쪽에 서양 여성이 훌쩍이며 안절부절 서 있었다. 스무 살쯤 돼 보였을까. 더 이상 앞으로 가지도, 그렇다고

뒤로 돌아가지도 못해 옴짝달싹 못하고 덜덜 떠는 애처로운 모습이었다. 우리는 그녀를 불러 천천히 되돌아오게끔 유도했다. 벽을 따라 게걸음으로 걸어가 그녀의 손을 붙잡고 같이 게걸음으로 좁은 공간을 빠져나왔다. 그리고는 그녀를 바위 비탈면에 털썩 주저 앉혔다. 엉덩이가 땅에 닿은 후에야 한숨을 몰아쉰 그녀는 눈물을 흘린 게 부끄러웠는지 고개를 숙이고 '고맙다'는 인사를 짧게 했다. 그리고는 엉덩이를 붙여 엉금엉금 내려갔다.

사람 생명 하나 구조했다는 뿌듯함에 우리의 게걸음은 한층 더 힘이 붙었고, 단숨에 정상에 도착했다. 자, 어떤 포즈를 취해야 사진이 기똥차게 나올까나? 이런 얘기를 주고받았는데, 막상 다리에 올라가니 15m란 높이가 실감나면서 몸이 망부석처럼 굳어버렸다. 우린 가까스로 어색하게 어깨동무를 하고 몇 장의 사진을 찍고 내려왔다. 하지만 실망스럽게도 사진은 엉성하게, 아니 요르단에서 찍은 사진 중 가장 엉망진창으로 나왔다. 어색한 포즈도 문제였지만, 바위 다리가 너무 높은 탓에 우리 모습이 정말 코딱지만 하게 나왔다. 아유……. 이럴 줄 알았으면 안 올라갔지!

붉은 사막 와디럼

우리도, 주위 사람들도 허탈하게 웃었다. 다시 올라가 볼까 고민도 했지만, 또다시 후들거리는 다리를 부여잡고 게걸음치면서 우스꽝스러운 모습으로 올라가기 싫었다. 결국 사진은 그냥 편하게 바위 다리를 배경으로 찍기로 했다. 꿩 대신 닭이라고, 뭐 어쩔 수 없지. 바위 다리 밑에서 우리는 힘껏 뛰어 올랐다. '어드벤처 요르단!'을 외치며 튀어 오른 우리는 한 쪽 다리를 펴고 날라차기 포즈를 취했다. 서로 입을 맞춘 것도 아니었는데 자연스럽게 그런 포즈가 나왔다는 사실이 짜릿했다. 우리는 그 사진이 이번 여행의 '베스트 샷'이라고 자평했다. 뜻밖의 선물을 받은 기분이었다.

이번 여행에서 찍었던 사진 가운데 가장 마음에 드는 '베스트 샷'이다.

붉은 사막 와디럼

☑ 꿀팁 대방출!

와디럼 투어, 어디서 예약할 수 있나

사막이 워낙 넓고 황량해서 무턱대고 찾아가면 어디서 뭘 어떻게 해야 할지 막막할 수밖에 없다. 그래서 와디럼 입구에는 사막 여행을 안내할 가이드 업체들이 줄지어 늘어서 있다. 이곳에서 가이드와 함께 사막의 명소를 찾아다니는 프로그램에 참여할 수 있다. 크게는 지프를 타고 도는 '지프 투어'와 낙타를 타고 이동하는 '낙타 투어'로 나뉜다. 일부 업체에서는 사막 썰매 등 이색적인 활동까지 포함하고 있다. 당일치기나 짧은 1박 2일 코스만 해도 충분할 것 같지만 길게는 2박 3일 코스까지 다양하게 있다. 잠자리는 텐트, 야영(비박), 동굴 야영 등을 선택할 수 있다. 의외로 야영이 더 비싸다.

대부분 온라인을 통해 미리 예약하고 찾아가야 이용할 수 있다. 구글에서 'Wadi Rum Tour'를 검색하거나 트립어드바이저(Tripadvisor) 어플을 이용하면 편하다. 아쉽게도 한글로 된 웹사이트를 갖춘 곳은 없었다. 한국 사람들은 'Wadi Rum Nomads'라는 업체를 이용하는 경우가 많다. 우리가 참여한 곳도 이곳이었다. 친절하고 꼼꼼한 서비스가 만족스러웠다.

와디럼 사막에선 샌들 금지

붉은 모래 언덕에 도착하자마자 광일은 한 발을 지프 난간에 걸쳤다. 금방이라도 사막으로 뛰어내릴 기세였다. 그러나 그때 들리는 노와프의 다급한 외침. "그대로 들어가면 안 돼" 노와프는 샌들 사이로 모래가 들어가면 화상을 입을 수 있다고 설명했다. 그 정도로 뜨겁냐고? 그렇다. 한여름 와디럼의 햇볕은 가히 살인적이다. 7월 최고기온은 36도를 웃돈다. 이런 땡볕에 달궈진 모래는 찜질방 맥반석처럼 뜨겁다. 신발을 제대로 갖춰 신지 않으면 사막 모래 열기에 개구리처럼 폴짝폴짝 뛰어다니는 우스운 꼴을 연출할 수 있다.

03

저길 봐,
사막 여우야

#구연

노와프는 서둘러 차를 몰았다. 저녁 7시부터 해가 서서히 지평선에 걸리는데 '움 푸루트 바위 다리'에서 설설 기어가느라 너무 시간을 많이 지체한 탓이었다. 그래도 노련한 노와프는 우리를 저녁 6시 50분 완벽하게 석양을 감상할 수 있는 자리로 안내했다. 사막 언덕과 바위 사이로 해가 떨어지는 모습을 감상할 수 있는 절묘한 자리였다.

사막의 석양은 온 지구를 어루만져 주듯 천천히 몸을 낮췄다. 노을의 붉은 빛과 푸르스름한 하늘이 만나는 경계는 표백

된 보랏빛 손수건처럼 파스텔 계통의 은은한 색으로 물들었고, 붉은 사막 모래는 붉은 빛을 만나 다갈색으로 짙어졌다. 해 질 무렵의 빛은 또 모든 사람들에게 영원한 온기를 불어넣을 것처럼 얼굴을 발갛게 물들였고, 그런 노을의 온도에 사람들의 마음도 피어올랐다. 그 순간만큼은 누구 하나 크게 떠들지 않았다. 나와 광일은 제법 떨어진 곳에서, 형제는 나란히 서서, 직장 동료는 꼭 붙어 앉아, 커플은 다정하게 손을 잡고 석양의 후광이 모두 사라질 때까지 자리를 지켰다. 뛰어 오르고 달려가며

온몸 마디마디가 모래에 버무려졌던 오늘의 갈무리는 이렇게 사막의 여명을 눈과 가슴과 마음에 담아내는 일이었다. 저마다의 상상과 환상, 사랑, 그리움들이 노을에 녹아 있었을 게다.

해가 떨어지고 제법 쌀쌀한 사막의 밤이 찾아왔다. 노와프는 모래 속에 파묻혔던 주변 나뭇가지를 모아 모닥불을 피웠고, 우리는 둥그렇게 둘러앉았다. 노와프는 모든 일을 예비해 놓은 사람처럼 미리 끓여놓은 블랙티(Black Tea)를 건넸다. 달착지근한 블랙티를 마시며 피곤함을 달랬다. 무언가 기분 좋은 피로감이었다. 모래밭을 헤집고, 바위를 뛰어오르며 장난쳤던 하루였는데도 이상하게 피곤함 속에 달뜬 마음이 뭉게뭉게 피어나는 것 같았다. 그러고 보면, 이렇게 오감을 완전히 열어젖히고 자연을 뒹굴었던 게 언제였을까? 기억조차 나지 않았다. 내가 만나는 자연은 기껏해야 도심을 걷다 마주치는 근린공원이 전부였던 것 같다. 꺼지지 않는 마천루의 불빛, 여기저기 쏘다니는 택시, 분주하게 옮겨지는 사람들의 발걸음. 아슬아슬한 도시 생활에서 기 한 번 못 펴던 오감이 이제야 가쁜 숨을 토해낸 것은 아닌지.

다시 차에 올라 베이스캠프로 향했다. 우리가 최초 집합했던 '노마즈' 본부가 아니라, 사막 한 가운데 있는 베두인 캠프였다. 이제 맛있는 저녁을 먹고, 쏟아지는 사막별을 감상할 일만 남았다. 차에 타자 커플이 로멘틱한 노래를 틀었다. 연인들을 위한 노래(제목은 잘 기억 안 난다)였지만 고요하고 서늘한 사막의 밤과도 제법 잘 어울린다고 생각했다.

해가 완전히 돌산 뒤로 넘어간 뒤에도 여명은 수시로 색을 바꿔 하늘과 지상을 물들인다.

붉은 사막 와디럼

덜컹거리는 차에 앉아 노래를 감상하는데, 불현듯 뭔가 싸한 기분이 몰아쳤다. 아 맞다, 내 선글라스! 석양에 도취되다보니 미처 벗어둔 선글라스를 깜빡 잊고 챙기지 못했던 것이다. 그렇지만 다들 배고프고 지쳐 있는 터라 차마 노와프한테 차를 돌려달라는 말이 입 밖으로 나오지 않았다. 베이스캠프에 도착하면 조용히 노와프한테 부탁해야지. 그런데 베이스캠프까지 제법 시간이 걸렸다. 10분, 20분……. 시간이 지날수록 초조해졌다. 너무 멀리 가면 그만큼 노와프한테 다시 돌아가 달라고 말하기가 곤란했으니까.

20여분을 달려 베이스캠프에 도착했다. 정갈하게 줄지어 세워진 숙박용 소규모 텐트와 뷔페식 저녁 식사가 준비된 대형 텐트가 우리를 맞이했다. 이미 베두인들은 대형 텐트 앞마당에 모닥불을 피워놓고 따뜻한 차와 비스킷을 준비해 놨다.

노와프, 잠깐 얘기 좀 할까?

노와프 : 무슨 일이야, 브라더?

말끝에 '브라더'를 붙이길 좋아하는 노와프에게 자초지종을 장황하게 늘어놓았다. 어머니가 생일 선물로 사 주신 선글라스다, 엄청 비싼 거다, 몇 번 못 써봤다 등등 애원하는 말투로 매달렸다. 노와프가 '안 돼'라고 딱 잘라 말하면 어떡하나. 사실 그 선글라스는 내 생에 처음으로 산 명품 선글라스였고, 엄마의 등짝 스매싱을 맞으면서 샀던 거다. 다행히 친절한 노와프는 'No problem, my man'이라고 말해 줬다.

노와프와 단 둘이 차에 올랐다. 나는 조수석에 탔다. 노와프는 트렁크에 우리를 태우고 달리던 때와는 다르게 속력을 높여 거침없이 사막을 가로질렀다. 오프로드 운전의 진수를 맛보는 순간. 수시로 들썩이는 차량을 따라 내 몸도 롤러코스터를 타듯 앞뒤좌우로 요동쳤다. 노와프와 나는 흔들리는 차 속에서 낮에 미처 나누지 못한 대화를 했다. 주로 내가 노와프에게 궁금한 걸 물었다. 노와프는 23살 청년이고, 5남매 중 넷째였으며, 아직 결혼을 하지 않았다. 그의 아버지는 사막에서 유목생활을 한다고 했다. 사막투어 가이드를 하면서 가끔씩 여행객들을 그의 아버지 집으로 데려가기도 한단다. 그는 하루 다섯 번

엄격히 기도 시간을 지킨다고 했다. 많은 사람들이 무슬림을 싫어하는 것을 알지만 대부분 오해에서 비롯된 편견 때문에 그런 것이라고 말했다. 무슬림은 평화와 번영을 기원하는 사람들이라고 강조하기도 했다.

생각해 보니 와디럼 사막은 표지판은커녕 불빛 하나 없는 광야였다. 노와프는 뭘 보고 달리는 걸까. 어떻게 길을 찾아가느냐고 물으니 '내 머릿속에 GPS가 있어'라고 농담조로 말했다. 투어 가이드로 일한 지 6년째여서 대충 어디에 뭐가 있는지 안다고 했다. 헷갈릴 때면 해가 떨어진 위치와 달이 솟은 위치, 별자리 등을 보고 방향을 가늠해 길을 찾기도 한단다. 그는 마치 손흥민 선수처럼 거침없이 달렸고, '어린왕자'처럼 평온하게 사막과 어우러졌다.

마침내 석양을 감상했던 그곳으로 돌아왔다. 선글라스는 역시 그 자리에 그대로 있었다. 하긴, 이런 사막에 도둑이 있는 것도 웃긴 일이지.

(Ⓐ) 노와프: 찾았어, 브라더?

😀 응. 찾았어. 고마워.

👤 노와프: 다행이네.

😀 나는 사막여우가 물어갈 줄 알고 엄청 걱정했지.

그냥 농담이었는데, 노와프는 '사막여우는 그런 거 안 물어
가'라며 사막에 사는 동물들은 겁이 많고 순하다는 설명을 곁
들여 줬다. 굳이 다가가 공격하지만 않으면 알아서 도망가는
게 사막 동물들의 특징이란다. 그냥 내뱉은 농담도 친절하게
받아주는 착한 노와프. 좋은 가이드를 만난 건 정말 행운이었
다. 우리는 다시 베이스캠프로 향했다. 창밖으로 튕겨 나갈 것
같은 주행감에 머리를 밖으로 내밀어 하늘을 보긴 힘들었지만
얼핏 봐도 하늘에 별들이 수천수만 개가 빛나는 느낌이었다.

👤 노와프: 저기! 저기!

갑작스런 호들갑에 화들짝 놀라 그의 손가락이 가리키는 곳
을 따라 시선을 옮기니, 사막여우들이 우리 옆에서 함께 달리

고 있었다. 크기는 고양이만 했는데, 귀가 엘프 요정처럼 뾰족했다. 앙증맞은 크기에 잘 익은 크루아상 같은 색을 지닌 녀석들. 차보다 더 빨리 달리는 사막여우의 달리기 실력은 신기함과 놀라움을 동시에 자아냈다.

사막여우와 함께 달리는 진귀한 순간은 녀석들이 방향을 틀면서 금세 끝이 났다. 사막여우들은 순식간에 어둠 속으로 사라졌다. 노와프는 내가 운이 좋다고 했다. 사막여우는 겁이 많고 워낙 재빨라서 실제로 보는 일이 많지 않단다. 일행들은 모르는, 광일도 모르는 나만의 추억 하나가 생겼다.

노와프는 로션도 안 바르면서 피부가 매우 좋다. 부러운 녀석

04

별빛을 이불삼아
모래를 베개삼아

#광일

석양을 보러 갔을 때였다. 노와프는 낮은 바위산 주변에 차를 댔다. 늦을까 봐 걱정했는데 다행히 아직이었다. 해는 맞은편 돌산에서 한 뼘 위로 떨어져 있었다. 구연은 차에서 가장 먼저 뛰어 내렸다. 곧바로 돌계단 쪽으로 뛰어갔다. 그러다 갑자기 뒤를 돌아보고는,

 광일아!

난 재가 저렇게 내 이름을 부를 때가 제일 무섭고 불안하다.

> (이모티콘) 왜 불러.
> (이모티콘) 가방에 있는 내 선글라스 좀 갖다 줘.
> (이모티콘) 아씨. 귀찮은 놈.

할 수 없이 발길을 돌렸다. 지프까지 다시 갔다 와야 했다. 나도 지치고 피곤한데 지가 좀 움직이지. 그나마 미안한 표정이라도 짓는 걸 보고서야 그래, 맘을 풀기로 했다. 그러다,

> (이모티콘) 하프 디나르.

0.5디나르를 지불하라는 요르단식 유머를 던졌다. 그러나 별 반응이 없다. 그는 온통 석양 사진을 찍는 데 온 신경을 집중할 뿐이었다. 에이, 재미없어. 나는 경사면 바위틈에 기대고 앉았다. 태양도 이제 제법 많이 떨어졌다. 맞은편 바위산에 걸렸다. 황무지 광야로 떨어지는 모습이 왠지 더 뜨겁고 강렬해

보였다. 모래 바닥과 기암괴석은 이전보다 더욱 붉은 빛을 내고 있었다. 그동안 세계 이곳저곳에서 석양을 봐왔지만 이런 그림은 처음이었다.

> 야, 너무 좋지 않냐. 이렇게 탁 트인 하늘 보는 게 얼마 만인지 모르겠다, 정말. 맨날 그 여의도 빌딩 숲에 있었는데······.
>
> 말 시키지 마. 빨리 찍어야 돼.

붉은 사막 와디럼

대책 없이, 요르단

예끼, 메마른 놈. 나는 결국 대화를 포기하고서 딱딱한 바닥
에 누웠다. 그러자 하늘이 보였다. 어쩜 저리 예쁠까. 꼭대기는
아직 파란데 지평선은 불그스름, 그 사이는 그라데이션으로 두
색이 줄다리기하고 있었다. 경계선은 백색이 선명하게 지배했
다. 선글라스를 써 봤지만 그래도 눈이 부실 정도였다.

붉은 사막 와디럼

해는 30분도 채 되지 않아 완전히 떨어졌다. 구연은 이제부터가 사진 찍기 좋은 '골든 아워(Golden Hour)'라며 좀 더 위쪽으로 올라갔다. 솔직히 저렇게까지 할 필요가 있나 싶다. 그렇게 찍은 사진도, 스마트폰 카메라로 찍은 것과 크게 차이가 없는 것 같던데……. 뭐, 어쨌든 그러면서 주변은 고요해졌다. 곳곳에 짝지어 앉은 사람들이 소곤대는 소리가 조금씩 들려오기 시작했다. 의도한 건 아니지만, 커플은 신혼 여행지를 골랐고, 직장 동료는 각각 새로운 인연을 꿈꾸고 있었다. 결국 다들 이렇게 사랑 얘기를 하고 있구나.

지평선에 걸쳐있던 붉은빛은 점차 곳곳으로 퍼져 나갔다. 하늘 꼭대기에 있던 파란색과 부드럽게 섞이면서 일부 구간은 연보라색 수채화가 됐다. 일본 북해도의 '라벤더', 내지는 '핑크 뮬리'의 색이 하늘에 수 놓였다. 그러다 붉은 빛은 조금 더 강렬해졌고 하늘에선 검은빛이 발현하기 시작했다. 곧 어둠이 깔릴 예정이라는 걸 암시하는 듯했다. 그때, 멀찍이 혼자 있던 노와프가 우리에게 소리 쳤다. "친구들, 차 마시자구!(Our Friends, Tea!)"

이제 그만 아래로 내려오라는 신호였다. 노와프는 지프차 앞에 모닥불을 피워놓고, 차를 끓여 놨다. 센스쟁이. 해가 지고 기온이 떨어져, 슬슬 팔꿈치가 시려오기 시작했던 터라 차 한 잔이 더욱 좋았다. 계피향이 났지만 계피는 아니고, 세이지를 넣은 블랙티(Black Tea with Sage)라고 했다. '크으으!' 아저씨 소리가 나도 모르게 나왔다. 호기심 어린 눈빛으로 이 모습을 지켜본 노와프가, 어설프게 따라했다.

🧑 노와프 : 크으으으으……. 근데 이게 무슨 뜻이야?

👨 한국에서는 맛있는 걸 먹을 때 이런 소리를 내.

🧑 노와프 : 크으으. 좋아. 그런데 나 이런 말도 할 줄 아아. 지리인다? 지린다! 이게 너무 맛있다는 뜻, 맞지?

👨 지린다는 말은 또 어떻게 알았대. 내가 하나 더 알려 줄게. 대박. 대박이라고 해 봐.

🧑 노와프 : 지린다. 대박!

노마즈 사무실에서 함께 출발했던 다른 지프도 석양 보는 곳에 합류했다.
덕분에 중국인 가족과 다른 베두인 가이드가 사진에 함께 찍혔다.

시간이 이대로 멈췄으면 좋겠다. 하지만 그렇게 웃고 떠들다
보니 주변은 어느덧 캄캄해졌다. 우리는 지프에 올랐고, 베두
인 캠프로 향했다. 오프로드를 달리는 동안 홀가분한 마음으로
음악을 들었다. 빠른 비트의 힙합 음악이 나오자 맨 앞에 앉은
구연과 내가 어깨춤을 주도했고, 다른 이들도 호응했다. 그러
다 혼자서 두 팔을 가로로 뻗었다. 바람을 정면으로 맞았다. 내
가 새라면, 그래서 어둠이 깔린 이 사막에 낮게 비행한다면, 그

러면 이런 기분일까. 누가 보면 '쟤 뭐하나' 싶겠지만, 내겐 잊지 못할 최고의 순간이었다.

그렇게 우리는 캠프에 도착했다. 선글라스를 두고 왔다는 멍청한 구연은 노와프를 끌고 다시 나갔다. 그동안 나는 다른 일행들과 벤치에 빙 둘러 앉았다. 누가 이리로 나오라고 한 것도 아니었는데, 하나둘 이렇게 모였다. 그리고는 하늘을, 아니 우주를 봤다. 은하수, 북두칠성, 카시오페아……. 별자리를 더 많이 알면 좋겠지만, 아무렴 어떠랴. 이 별에 저 별을 이어, 내 멋대로 별자리를 그렸다. 특히 압권은 끊임없이 쏟아지는 별똥별이었다. 두세 개가 연달아 떨어지는 모습은, 어쩌면 평생 다시 볼 수 없는 그림이 아니었을까.

이윽고 구연이 돌아왔다. 사막여우를 봤다고 유난을 떤다. 그리고는 잠깐 숨 고를 여유도 없이, 곧바로 삼각대에 카메라를 설치했다. 달이 뜨면 이 별이 사라질 거라며, 그 전에 왕창 찍겠단다. 결과는 어떨까. 여러분이 보고 판단해 주시길 바란다.

대책 없이, 요르단

야영 텐트 위로 북두칠성이 보인다.

자, 이제 정말 잘 시간이다. 다른 사람들은 각자, 둘씩 짝지어
서 자신의 천막으로 들어갔다. 나와 구연의 경우 비박(Bivouac)
을 신청했다. 사막 한복판에서 별 보며 이불 깔고 '풍찬노숙'하
는 것. 이번 여행을 나서며 우리가 가장 기대했던 시간 중 하나
였다. 그런데 막상 노와프가 소개한 '누울 자리'를 보고 걱정이
앞섰다. 다른 사람들이 묵는 천막과 200m쯤 떨어진 곳, 커다란
바위 뒤편 휑한 바닥에 이불 두 장이 떡하고 펼쳐져 있는 모습
을 보고 헛웃음이 나왔다. 얇은 옷을 겹겹이 껴입은 덕에 추위

걱정은 덜었지만 한 치 앞도 보이지 않는 어둠이 있었고, 무엇보다 야생동물에 대한 두려움이 해소되지 않았다. 혹시 야간운전 때처럼 개 떼가 나타나는 건 아닌지, 전갈이 불쑥 튀어나오진 않을지…….

그래도 뭐, 괜찮겠지, 이제와 방을 달라고 다시 말하기도 민망하고. 그냥 눕자. 그렇게 우리는 사막에 누워 별을 봤다. 달도 서서히 떠오르기 시작했다. 고요하고 적막하지만 짜릿한 순간. 어쩌면 이 시간이 이번 여행의 클라이맥스가 아닐까 하는 생각은, 말하지 않아도 공감할 수 있었다. 그날 밤 우리가 무슨 얘기를 나눴냐고? 쉿, 여러분만 알고 계시라. 누가 예쁘고, 누가 귀엽고……. 참나, 결국 여자 얘기였다.

대책 없이, 요르단

05

사막의 슈퍼히어로

#구연

눈을 떠보니 광일이가 없었다. 어디 갔지? 이불을 부스럭거리면서 허리를 세우자, 어디서 끄응 소리가 났다. 광일이 모래밭 위에서 뒤척이며 앓는 소리였다. 매트리스가 살짝 비탈면에 놓여서 그런지 그쪽으로 떨어진 것 같다. 찬기가 제법 있을 텐데 잘도 자네. 야, 야, 일어나. 광일도 눈을 떴다. 나는 밤사이 둥그런 달이 얼굴 위로 휘영청 떠올라, 그 밝은 빛에 내가 잠이 깼다는 얘기를 들려줬는데, 광일은 비몽사몽으로 들은 체 만체하는 눈치였다.

이부자리를 정돈하고 베이스캠프로 돌아가 빵과 바나나, 채소 등이 준비된 아침식사를 가볍게 먹었다. 사람들은 풍찬노숙을 한 우리들의 소감이 궁금한 눈치였다. 사실 피곤해서 금방 곯아떨어졌고 눈 떠보니 아침이더라, 이런 싱거운 후기를 전해주고 싶지 않아 조금 허풍을 떨었다. 커다란 바위를 강조하고, 비탈면을 과장하며, 쏟아지는 별빛의 크기와 개수를 부풀려 전했다.

베이스캠프의 아침이 밝아오고 있다.

이제 다시 사막을 떠나 사막투어 여행사의 사무실로 돌아갈 시간이었다. 무한의 에너지를 머금은 사막과 웅장하게 서 있는 바위산에 작별 인사를 하며 감상에 막 젖으려 할 무렵, 오잉? 벌써 사무실에 도착해 있다. 베이스캠프에서 15분 정도 걸렸을까. 어제 하루 종일 누빈 와디럼 사막은 지평선이 아득할 만큼 넓었던 것 같은데. 이렇게 짧은 시간에 나올 수가 있다는 사실이 좀 허무하게 느껴졌다.

물론 그렇다고 우리가 야인 생활을 하며 느꼈던 감정이 반감되는 건 아니었다. 다만 이 사막투어가 생각보다 더 안전한 곳이란 걸 알게 될 뿐이었다. 처음 모였던 사무실로 돌아왔다. 사무실 옆에 1박 2일간 주차된 차는 뽀얀 먼지 속에 뜨거운 볕을 받아 지글지글 끓고 있었다. 이제 일행들과 헤어질 시간. 그런데 다음 행선지는 공교롭게도 모두 '휴양 도시' 아카바였다. 우리는 차를 나눠 타기로 했다. 커플은 형제의 차에, 직장 동료는 우리가 끌고 온 푸조에 타기로 했다. 둘만 싣고 달리던 5인승 신형 SUV를 드디어 꽉 채울 수 있었다. 이번엔 내가 운전대를 잡았다. 조수석에 앉은 광일이는 다시 한 번 DJ를 자처했다.

그는 어제의 낡은 플레이리스트는 잊어 달라고 너스레를 떨며 최신곡을 하나씩 재생했다.

주차된 곳에서 포장도로까지는 50m정도 떨어져 있었다. 그곳으로 이어지는 샛길이 바로 옆에 있었고 주변은 온통 모래밭이었는데, 왠지 어젯밤 노와프와 오프로드를 달렸던 쾌감이 떠올랐다. 오프로드 주행의 참맛을 알려 주겠다는 심산으로 과감하게 모래밭으로 차를 몰았다. 덜컹덜컹. 경쾌한 노래와 함께 온몸이 좌우로 흔들리는 재미에 모두들 비명을 지르며 즐거워하는데, 어라? 차가 점차 속력을 잃더니 앞으로 나아가지 못했다. 급기야 몸이 앞으로 기울어지기 시작했고, 엔진에서는 굉음과 함께 연기가 조금씩 올라왔다. 헐……. 앞바퀴가 모래밭에 빠져 헛돌기 시작한 것이다. 호기롭게 출발한 지 3분 만에 벌어진 일이다.

일단은 냉정함을 잃지 않고 태연한 척 했다. 아카바까지 태워 주겠다고 온갖 쿨한 척 다 했것만, 이런 개망신이 어디 있나. 아무렇지 않은 척, '이 정도쯤이야'라는 표정으로 내려보니, 이런 젠장. 제대로 사달이 났다. 이미 바퀴의 1/3이 모래밭에 처박혀 헛돌고 있었다. 일단 광일이 내려서 후미를 밀고 동시에 나는 액셀을 밟아 봤지만, 차는 앞쪽으로 더욱 기울어질 뿐이었다. 우리 손으로 해결할 수 있는 사안이 아니라고 판단했다. 심각한 표정에 동행자들도 심상찮은 낌새를 느낀듯했다. 한동안 말이 없던 우리는 민망해서 웃음이 나왔다.

> 🧑 이런 개망신이 어디 있냐.
> 🧑 아이고, 이거 쪽팔려서 뭐라고 말도 못 하겠다.

침몰하는 차를 보며 어찌할 바를 몰라 발만 동동 굴렀다. 보험 회사를 부른다 해도, 이런 사막까지 오려면 족히 한나절은 걸릴 텐데. 신이시여, 제발……. 평소엔 교회도 잘 안 가는 내가 이럴 때 신을 찾는 걸 보면 사람 참 간사하다.

이때 정말 뜻밖의 조력자가 등장했다. 근처를 지나던 베두인 두 명이 성큼성큼 다가와 심각한 표정으로 차를 둘러보고 나서, 다른 베두인들을 더 불러왔다. 이들은 몇 차례 밀어보고, 당겨보고, 들어도 보더니, 아무래도 안 되겠다는 듯 결국엔 트럭

을 몰고 나타났다. 밧줄을 트럭과 우리 차에 연결한 뒤 있는 힘
껏 차를 밀기 시작했다. 손쓸 방법을 몰라 멍하니 지켜만 보고
있던 나와 광일이 달라붙었고, 엉겁결에 두 동행자들도 가세해
온힘을 쏟았다. 서서히 움직이는 바퀴에 모두들 '된다! 된다!'
라고 외치며 막판 젖 먹던 힘까지 쥐어짜냈고, 끝내 차를 모래
구덩이에서 빼낼 수 있었다.

대책 없이, 요르단

광일은 급하게 차문을 열고 들어갔다. 그리고는 지갑에서 5디나르를 집어 고마운 베두인들에게 건넸다. 숙소에서도, 식당에서도 팁으로는 1디나르도 주길 꺼려하던 그였지만 이번엔 정말 감동했나 보다. 베두인들은 쑥쓰러워 하며 거절했지만, 한사코 받으라며 쥐어 주자 마지못해 받아 들었다. 아마 베두인들이 도와주지 않았다면, 동행자들은 아마 속으로 우리를 비웃으며 택시를 타고 아카바로 떠나버렸을 게다. 그러면 나와 광일은 쥐구멍에 숨고 싶은 심정으로 그들을 보낸 뒤 땡볕 아래 속절없이 하루를 날려버렸겠지.

사실 베두인에 대해 선입견이 있었다. 무례하고 거칠며 성욕에 미친 사람들이라는 얘기를 들었기 때문이다. '베두인들은 여자, 남자 가리지 않고 덮치니까 조심하라'는 지인의 입방정. 그 역시도 예전에 요르단을 여행했던 적이 있었기 때문에 왠지 신빙성 있게 들렸다. 하지만 페트라에서 만난 호객꾼과 일부 상인들을 제외하면 대부분 좋은 사람들이었다. 유머 있고 친절하며 정말 환하게 웃는 소탈한 사람들이었다.

베두인은 아라비아 반도와 중동 지역에 거주하는 유목민들을 말한다. 전 세계적으로 대략 2천만 명 정도가 있지만, 아직까지 유목 생활을 하는 인구는 5% 미만이다. 나머지는 도시에서 생활하거나 농·어촌에서 생업을 하고 있다. 대부분 무슬림이고, 씨족 생활을 근본으로 성장해온 민족이어서 다른 씨족과의 다툼이 잦아 국가 형성이 늦었다고 한다.

베두인에 대한 풍문은 아마 그들의 낮은 사회적 계급에 기인할 것이다. 베두인들은 중동 여러 나라에서 거주하는데, 많은 수가 빈곤층으로 살아간다고 한다. 사막에서 유목 생활을 하던 민족인지라 도시생활에 제대로 정착하지 못했기 때문이다. 그나마 요르단은 베두인들의 수가 많아 차별이 덜 하지만, 옆 나라 이스라엘만 해도 베두인에 대한 차별이 심각하다고 한다. 베두인에 대한 헛소문이나 편견은 이런 이들의 사회적 배경과 연관됐다는 게 내 추측이다.

여하튼 우리들은 사막의 슈퍼 히어로, 베두인 덕분에 무사히 아카바로 향할 수 있었다. 베두인들이 차를 빼내는 동안 내가 카메라를 깜빡 잊고 사막투어 사무실에 놓고 온 사실도 뒤늦게 기억났다. 베두인 덕분에 수천 장의 사진들도 되찾은 것 같은 기분이다. 잠시나마 지인의 가짜뉴스에 놀아나 선입견을 가졌다는 사실이 괜히 미안하네. 어디에서 누군가 베두인을 욕하거든 우리들의 이야기를 전해 주길 바란다.

붉은 사막 와디럼

4

5

6

붉은 사막 와디럼

아카바 트레블러

비디오 사막 바젤의 이집트

01

홍해,
갈라지지 않았다

#광일

요르단이 아카바를 확보한 건 지금으로부터 50여 년 전, 1965년 사우디아라비아와의 영토 교환 협정 때였다. 제2차 세계대전 이후 독립하면서 이 지역 영유권을 주장했지만 그때까지는 접경국 사우디로부터 인정받지 못했다고 한다. 그러다 협정을 통해 아카바 항구를 중심으로 12km 해안선을 받고, 대신 남부 사막지대 6000km²를 사우디에 넘겼다는데……. 놀라운 건 이때 넘긴 사막지대에서 나중에 유전이 터졌다는 점이다. 중동의 심장부에 있으면서도 기름 한 방울 안 나는, 그래서 사우디나 카타르처럼 갑부가 되지 못한 요르단 입장에선 아쉬운 대목일 수 있다.

요르단 경제가 그래도 아카바에 의지할 수밖에 없는 건 바로 이곳에 위치한 항구 때문이다. 대부분의 교역은 요르단에서 유일하게 바다와 접해 있는 이곳을 통해 이뤄진다. 이에 아예 특별 경제 구역으로 선포해 집중 투자하고 있다. 그래서 그런지 아카바로 가는 길, 고속도로에서는 트레일러 등 화물차 수백 대를 마주쳤다. 도시 안쪽에서는 컨테이너가 쌓인 걸 곳곳에서 목격했다. 마치 부산이나 중국 상하이, 일본 고베와 비슷한 모습이었다.

한 가지 더 눈에 띈 건, 백인 비율이 뚜렷하게 높았다는 점이다. 이스라엘이나 유럽, 미주에서 온 관광객이 현지인, 즉 베두인이나 팔레스타인계 아랍인과 구분되는 건 단지 외모뿐만이 아니었다. 그들은 좋은 옷을 입고, 맛있는 걸 먹고, 여유롭게 거닐었다. 일찍이 휴양지로 개발된 이곳 항구도시 아카바에 유명 호텔과 레스토랑, 그리고 수상 액티비티 시설이 즐비한 덕인 것 같다.

다만 북쪽에 보이는 거대한 바위산, 와디럼 어딘가에서 시작된 듯한 저 기이한 지형이 어딘가 어색하고 이국적이었다. 거기서 뻗어 나온 누런 줄기는 푸른 해안까지 이어졌다. 사막과 이어진 바다라니, 상상하기 어려운 묘한 조합이었다.

우리는 어울리지 않게 고급 호텔에 둥지를 틀었다. '인터콘
티넨탈'이라는 낯설지 않은 이름의 5성급 브랜드 호텔이었다.
지난 닷새간 잘해야 호스텔 따위에서 지내왔던 우리가 스스로
에게 주는 보상, 셀프 선물이었다.

휴양지에 오니 그동안 여기저기서 고생했던 기억들이 벌써
꿈만 같이 느껴졌다. 암만에서 사기꾼들에게 치이고, 사해에서
고프로를 잃고, 페트라의 가파른 돌산을 나귀 타고 올랐던 일.
그리고 사막에서 풍찬노숙으로 별 보며 눈 감았던 건 바로 어
젯밤 일이었다. 날마다 때마다 걱정이 많았지만 다행히 사고
없이 여기까지 왔다.

호텔에는 이용객들만 출입이 가능한 '프라이빗 비치'가 있
었다. 그냥 침대에서 뒹굴뒹굴 베짱이 같은 시간 보내고 싶기
도 했지만, 그러자니 또 시간이 아까웠다. 무거운 몸을 이끌고
수영복으로 환복, 수영장을 거쳐, 바다에 발을 담갔다. 물은 생
각보다 뜨끈했다. 체온과 비슷한 정도, 그냥 둥둥 떠다니며 피
로를 풀기 딱 좋은 수온이었다. 이곳에선 모든 걸 잊고 안정을

누릴 수 있었다. 꼭 무언가를 해야 한다는 강박을 내려놓은 덕이었다. 책에 써넣을 글감 찾기도, 좋은 사진이나 영상을 남기고자 하는 욕심도 잠시 포기했다. 그저 뜨끈한 물에 몸을 맡겼다. 고민 없이 멍 때리던, 소중한 시간이었다.

그러고 보니 여기, 홍해다. 아프리카 대륙과 아라비아 반도 사이에 있는 좁고 긴 바다. 한자(紅海)로나 영어(Red Sea)로나 모두 '붉은 바다'로 불리는데 실제로는 여느 바닷물과 마찬가지로 푸르렀다. 동쪽 붉은 산맥이 바다에 비쳤다거나 해안에 자리한 붉은 산호초 때문에 붉게 보였다는 설이 있다는데 뭐, 잘 모르겠다. 사실 내게 홍해는 구약성서 출애굽기의 배경으로 더 친숙하다. 선지자 모세를 따라 이집트를 탈출하던 이스라엘 백성들을 위해 하나님이 갈랐던 바다가, 바로 이곳 홍해였다. 물론 내 앞의 바다는 아무리 눈을 씻고 쳐다봐도 결코 갈라지지 않았다.

멀리, 바다 저쪽에는 물 위에 선 사람들이 보였다. 2천 년 전 물 위를 걷던 예수가 연상됐지만 이들의 발아래에는 보트가 있었다. 정확히는 소형 유람선이었다. 누가 틀었는지 거기선 아주 독특한 음악이 흘러 나왔다. 이슬람 스타일이 아니었을까.

어쨌든 탑승객들은 한 손에 칵테일 잔을 들고 어깨춤을 췄다. 그러다 마침 이쪽을 흘끔 쳐다봤고, 이에 질세라 우리도 음악에 맞춰 몸을 흔들었다. 또 물밖에 빼꼼히 내민 얼굴과 크게 쭉 뻗은 오른팔을 위아래로 저었다. 그 모습이 아마 우스꽝스럽게 보였겠지만 왠지 모르게 신이 났고 그들을 즐겁게 해 주고픈 마음이었다. 흥겨운 분위기는 그들 중 한 명이 이 한 마디 인사말을 건넬 때까지 계속됐다.

"니하오!"

젠장. 나가자.

☑ 꿀팁 대방출!

비키니 입어도 될까?

현지 여성들은 해변이나 수영장에서도 대부분 히잡 혹은 부르카를 착용하고 있다. 검은 옷을 온몸에 휘감은 채로 물속에 들어간다. 따라서 대부분 비키니는커녕 어깨나 허벅지를 드러내는 경우도 거의 없다. 부르카의 형태를 수영복처럼 변형시킨 이른바 '부르키니'를 입는 이들도 있다고 한다. 그러나 외국인이 이런 관습을 따르지 않았다고 해서 당장 문제될 건 없다. 당국도, 현지인들도 외국인 옷차림까지 일일이 관여하진 않고 있다. 사해나 아카바 해변에서는 비키니를 입은 외국인을 심심찮게 목격할 수 있다. 다만 현지 문화를 고려, 배려해서 노출이 심한 의상은 피하는 게 좋겠다. 괜한 오해를 부르거나 현지인들의 추파를 부를 우려가 있다. 바람막이나 비치타올, 숄 등을 함께 준비해도 좋다.

갈증 날 땐 레몬민트차

레몬민트차는 요르단 식당이나 카페에서 쉬이 볼 수 있는 대중음료다. 적당히 달짝지근하고 적당히 쌉싸름해서 무더위에 뺏긴 수분을 보충하기에 좋다. 특히 요르단의 물에는 석회질이 비교적 많이 함유돼있다고 하는데 레몬에 든 성분이 이걸 중화하는 기능을 한다고 한다. 다만 한국에선 요르단 만큼 해가 강하지 않아 생민트를 재배할 수 없고, 그래서 요르단식 레몬민트차를 그대로 재현하기 어렵다. 혹시 현지에 방문할 일이 있거든 꼭 한 번 맛보시길 권한다. 우리는 한 잔으론 성이 안 차, 보통 두 잔씩 연이어 주문하곤 했다.

02

클럽 찾아 삼만리

#구연

얼마 만에 맡는 도시의 향기던가, 요르단의 마지막 밤을 갈 기갈기 찢어 불사르리. 여행자 신분이라 야단스런 옷은 없지만 마음만큼은 이비자에 온 것 같은 기분으로 머리를 손질했다. 딱 오늘을 위해 무겁게 들고 다녔던 헤어 왁스도 듬뿍 발랐다. 간만에 숙소는 달큰한 화장품 향기로 가득 찼다.

아카바는 중동의 대표적인 휴양도시면서 동시에 요르단의 유일한 항구 도시다. 요르단에서는 좀처럼 찾아보기 힘든 술도 아카바에서는 쉽게 구할 수 있다. 제법 빽빽하게 줄지어 서 있

는 가로등 아래 늦은 시간까지 많은 외국인들이 활보하는 북적북적한 거리의 광경에 덩달아 무르녹았다. 이 정도 분위기면 클럽도 가능하지 않을까? 여기는 중동 인싸들이 모이는 아카바잖아. 요르단 찐 청춘남녀들도 클럽을 좋아하지 않을까 생각했다. 고막을 사정없이 갈기는 흥겨운 음악과 술, 첫 만남에도 신나게 어울릴 수 있는 클럽 문화는 만국 공통일 것이라고 우리는 확신했다. 형제여, 출동하즈아!

아카바에서 클럽은 딱 한 군데가 검색됐다. 나름 올드팝과 힙합 뮤직이 터져 나온다는 설명에 우리는 산삼을 만난 심마니처럼 흥분했다. 클럽까지 걸어가는 여정 동안 낄낄대고 음료수를 마시고 사진을 찍으면서 분위기를 한층 고조시켰다. 그렇게 클럽이 위치했다는 호텔 앞에 도착했을 때는 텐션이 절정으로 치달은 상태. 그런데 호텔 주변이 마치 양로원처럼 조용하고 고요한 게 뭔가 불안하다. 클럽 입구에서 장사진을 이루는 청춘들의 그림자조차 보이지 않았다. 나는 다급하게 호텔 안내데스크로 달려가 '클럽은 어디에 있나요?'라고 물었다. 안내원은 손가락으로 천장을 가리키며 말했다. "옥상에요."

이것이 말로만 듣던 루프탑(Rooftop) 클럽인가. 서울에서는 루프탑 클럽에 가본 일이 없다. 그런 곳은 뭔가 유명한 셀럽이나 재력가들, 혹은 육감적인 몸매의 여성들만을 위한 은밀한 사교파티 같은 느낌이었다. 적어도 SNS로 만난 루프탑 클럽의 이미지는 그랬다. 우리는 마치 VIP클럽에 초대를 받은 촌놈들처럼 두근거리는 마음으로 엘리베이터를 타고 옥상으로 향했다. 엘리베이터에서도 히죽히죽 웃으며 기쁨을 주체하지 못하

는 사이 띵! 엘리베이터 문이 열리고 만난 공간은 예상과 전혀
딴판이었다.

　클럽이라기보다 잘 갖춰진 바(Bar)라고 설명하는 게 맞을 듯
하다. 무대 가운데서는 재즈 공연이 한창이고, 손님들은 주로
나이가 지긋한 중장년층 이상의 백인들이었다. 그들은 여유롭
게 앉아 시가를 태우거나 칵테일을 홀짝였다. 빠른 비트에 현
란한 조명, 반짝이는 미러볼, 붐비는 인파 속 댄스를 기대했던

우리로서는 당황스럽기 짝이 없었다. 지푸라기라도 잡는 심정으로 바텐더에게 물었더니, 돌아온 단호한 대답. "요르단에는 당신들이 찾는 그런 클럽은 없어요."

우리가 검색했던 클럽은 몇 년 전에 없어졌다고 한다. 사람들이 많이 찾지 않아서란다. 대신에 조금 더 연령층이 높은 사람들이 선호하는 재즈 바가 만들어졌다는 것이다. 망부석처럼 몸이 굳고 정신이 아득해졌다. 발바닥에 땀이 나도록 오늘을 불태우자던 우리들의 굳건한 다짐은 한줌의 사막 모래처럼 흩어졌다. '어떡하냐'는 내 말에 광일이도 똑같이 '어떡하냐'라고만. 바보 둘이서 '어떡해'라는 말을 몇 차례 주고받더니 이내 말을 잃었다.

"그냥 온 김에 칵테일이나 한잔 털고 가자" 광일이 침묵을 깨고 제안했다. 둘 다 아쉬움을 애써 숨기려는 듯 전망 좋은 테이블을 잡고 앉아 칵테일 두 잔을 주문했다. 한눈에 내려다 보이는 아카바의 야경. 우리는 '전망 멋지네'라고 감탄하면서도 마음 한 구석에 아쉬움이 똬리를 틀고 있었음을 알고 있었다. 말없이 핸드폰만 주물럭거리기를 20분여. 조금씩 마음에 안정이 찾아올 무렵 광일이 다시 불을 지핀다. "야, 근데 진짜 클럽이 하나 밖에 없었냐?" 그래, 내가 미처 꼼꼼히 검색하지 못했을 수도 있지. 나는 다시 혼신의 힘을 다해 검색에 들어갔다. 취재를 이렇게 했더라면 좋은 특종 하나쯤은 건졌을 것이란 생각이 들 정도로 전력을 다해 검색을 하니, 주변에 클럽이 두세 군데가 더 눈에 들어왔다.

> 야! 있다. 친구야! 있어!
> 오오!
> 가자! 여기서 택시 타고 15분밖에 안 걸려.

우리는 현금을 테이블에 던지다시피 하고 뛰쳐나왔다. 지금 중요한 건 스피드. 홀짝이던 칵테일을 한숨에 입 안으로 털어버려서 알딸딸한 느낌이 도는 듯 했다. 꺼져가던 텐션의 불씨는 산소를 만난 듯 다시 활활 타올랐다.

도로로 달려가 택시를 잡았다. 택시기사는 목적지를 물었고, 나는 재빨리 검색한 클럽 중 한 군데를 보여줬다. 그는 아리송

한 표정으로 차를 갓길에 세우더니 말했다. "여기는 이스라엘 인데요."

뭔가 잘못됐겠지. 다른 클럽 주소들도 보여줬지만 모두 이스라엘 땅에 위치한 클럽들이었다. 그리고 택시기사는 방금 전 만났던 바텐더와 똑같은 말을 했다. "요르단에는 당신들이 찾는 그런 클럽은 없어요."

결국 택시의 목적지는 숙소가 됐다. 숙소에 들어오자마자 에어컨을 미친 듯이 세게 틀었다. 타고 남은 재처럼 식어버린 마음을 써늘하고 시린 냉기로 달래보고 싶었던 것 같다. 우리는 연어와 애그타르트를 룸서비스로 시키고, 냉장고에서 맥주를 꺼내 침대 위에 앉았다. 그리고 꽃피운 남자들의 수다. 평소에도 자주 만나 얘기하고, 카톡하고, 통화하는 사이지만 이렇게 단 둘이 마주 앉아 맥주 한 잔에 삶의 깊은 얘기를 나눈 것은 오랜만인 것 같았다. 우리는 결혼, 육아 등 우리가 곧 마주할 현실부터 '어떻게 기자가 됐나'부터 '어떤 기자가 돼야 하나' 등 나름 직업적 소명 의식에 대해 사뭇 진지하게 대화했다. 요르단을 갈라버리겠다는 호기로 시작한 밤은 그 뒤 스르르 잠이 들면서 끝났다.

03

오픈워터 쭈구리

#구연

　오늘 아침은 첫 알람 소리가 끝나기도 전에 벌떡 일어났다. 홍해에서 스쿠버다이빙을 하는 날이라 다이빙 업체 직원이 마중을 나오기로 했기 때문이다. 어렸을 때부터 홍해에 대한 묘한 환상이 있었다. 성경에서만 보던 홍해. 홍해는 내게 실존하는 바다라기보다 디즈니 만화에 나올 법한 판타지에 가까웠다. 그래서 홍해에서 다이빙을 한다는 것은 판타지 세계 속으로 풍덩 빠지는 느낌이었다.

　분주한 마음으로 세면을 하고 칫솔을 물고 침대로 돌아왔는

데, 살짝 허전한 기분. 아, 광일이 떠났지. 광일은 새벽 일찍 일
어나 렌터카를 몰고 공항으로 떠났다. 이집트, 그 중에서도 '후
르가다'라는 낯선 곳으로 간다고 했다. 전날 두런두런 이야기
를 나누다가 잠들었던 터라, 광일은 나를 깨우지 않고 그냥 떠
나버렸다. 싱거운 자식. 인사라도 하지. 약간 섭섭한 마음이 들
어서 그런지 광일의 빈자리를 대수롭지 않게 넘겼다.

　호텔 로비에서 만난 다이빙 업체 직원은 스포츠맨다운 건장한
체격에 제법 큰 문신이 새겨진 사내였다. 그가 먼저 인사했다.

　　　　다이빙 업체 직원: How are you doing, man?(오
　　　　늘 어때?)

　　　　What's up! I'm doing great.(요! 반가워. 난 오늘 아주
　　　　좋아.)

　평범하게 'I'm Good(좋아요)'이라든지 'Good morning(좋은
아침이에요)'이라고 인사할 수도 있었지만, 뭔가 나도 센 척을 하
고 싶었던 것 같다. 아시아에서 날아온 다이빙 전문가, 이런 아

우라를 풍기고 싶은 허욕이 생겨났다. 덩치 크고 상남자 같은 그 직원의 비주얼에 압도당하기 싫었던 엉뚱한 자존심 같은 것이었다. 하지만 사실 솔직히 고백하자면, 내 다이빙 실력은 일천하다. 2010년, 그러니까 거의 10년 전쯤 필리핀에서 2박 3일간 합숙으로 딴 '오픈워터' 자격증이 내 경력의 전부다. 오픈워터는 다이빙 공인 자격증 가운데 가장 초보 단계로, 다이빙에 필요한 최소한의 요건이다. 심지어 자격증을 딴 뒤로 다이빙을 해본 경험이 적어, 사실상 완전 초보자와 진배없는 실력이었다.

우리는 짧은 대화를 마치고 곧장 고속도로를 내달렸다. 곧게 뻗은 도로를 달려 도착한 곳은 바다가 아니라 또 다른 호텔이었다. 또 다른 예약 손님을 태우기 위해서였다. 중국인 남자 4명과 여자 4명이 탔다. 그들도 신이 났는지 큰소리로 떠드는데, 모르는 언어 속에 파묻혀 고독하게 앉아만 있으려니까 혼자인 게 서러웠다. 여행 내내 느끼지 못했던 외로움이다. 나는 봉고차 가장 안쪽 자리에 혼자 '쭈구리'처럼 앉아 창문 밖만 하염없이 내다봤다. 광일은 어디쯤 갔을까.

마침내 도착한 바닷가. 따로 배를 타고 들어가지 않고 해안

가에서 걸어서 다이빙을 시작한다고 했다. 나는 자격증 소유자 그룹으로 묶였는데, 중국인 여성 두 명과 함께 다이빙을 하게 됐다. 엉거주춤한 자세로 공기통을 매면서 슬쩍 중국인 여성들에게 물었다.

🧑 어떤 자격증을 갖고 있어요?
👤 중국 여성들: 우린 어드벤스에요.

30분을 달려 홍해의 수심 깊은 다이빙 지점으로 이동했다.

어드벤스는 오픈워터보다는 한 단계 높은 자격증이다. 게다가 이들은 불과 며칠 전에도 다이빙을 했었다고 한다. 이쯤 되니 걱정이 밀려온다. 괜히 센 척 했나. 하지만 이제 와서 창피하게 '나 사실 완전 초보예요'라고 고백하기도 민망한데. 아까그 온갖 똥폼 다 잡아놓고 이제 와서 추레하게 얘기하려니까입이 안 떨어졌다. 그래도 다이빙하기 직전 가이드의 브리핑이 있겠지. 그때 잽싸게 달달 외워서 능숙한 척 할 요량으로, 쫄리는 마음을 애써 달랬다.

🔵 다이빙 가이드: 준비 다 됐지? 자 그럼 들어가자!

브리핑은커녕 우리가 다이빙 장비를 제대로 착용했는지 확인조차 안했다. 가이드는 그저 스윽 우리를 둘러보더니 거침없이 물살을 헤치며 바다 쪽으로 걸어갔다. 아, 이건 진짜 아니다. 폼 잡으려다가 홍해에서 객사하게 생겼네. 허둥지둥 가이드의 어깨를 붙잡고 처량하고 장황하게 말을 늘어놓았다.

🔵 내가 자격증이 있긴 한데, 오픈워터야. 다이빙 안한 지도 굉장히 오래 됐어. 언제 했는지 사실 기억도 나지 않아. 그러니까 내 말은 나 사실상 거의 초급자랑 똑같은 수준이야. 가기 전에 이것저것 좀 설명해 줘.

그는 가소롭다는 듯 피식 웃었다. 웃어? 이 자식이……. 아참, 지금 알량한 자존심 내세울 때가 아니지. 나는 그가 귀찮다는 표정으로 대충 내뱉는 브리핑을 혼신의 힘을 다해 외우려 했다. 번갯불에 콩 궈 먹는 듯한 설명이 끝나고 그는 다시 바다를 향해 걸었다. 나는 충분히 이해했는지 확신이 없었다. 하……. 망했다. 에라, 모르겠다. 그냥 들어가자. 어떻게든 살려는 주겠지.

  턱이 아리도록 호흡기를 꽉 물고 물속으로 들어갔다. 다행히 시야는 탁 트였다. 가시거리가 짧은 우리나라의 바다와 달리 이곳에서는 족히 20미터 이상 떨어진 물체도 쉬이 볼 수 있었다. 투명한 바다의 속살에 마음이 점차 놓이면서 가쁘게 몰아쉬던 숨도 안정을 되찾았다. 그제야 보이는 산호초와 열대어들. 엄지만한 노란색 열대어들과 다홍색 아네모네 물고기(흔히 우리들에게 '니모'로 알려진 물고기)들이 거대한 산호초의 표면과 말미잘 위에서 하늘하늘 헤엄치고 있었다.

홍해 속 세상은 빛의 향연이었다. 사나운 햇볕이 해수면에서 부서지면서 수십 개의 부드러운 빛줄기를 연출했다. 물속에서 바라본 태양은 일렁이는 물살 따라 흔들리며 하얗게 빛나고 있었다. 떨어지는 빛줄기를 따라 시선을 바닥으로 옮겨보면 곰치과 어종들이 모래를 흩날리며 헤엄치고 있다.

빛줄기에 반짝이는 산호초, 꼬리 치는 열대어를 넋 놓고 구경하느라 발을 굼뜨게 움직이는 사이 다른 일행들은 저 멀리 이동하고 있었다. 아차. 일행을 놓치면 나는 죽은 목숨이다. 서

둘러 쫓아갔다. 다이빙 가이드는 뒤늦게 쫓아온 내게 멀리서 거무스름한 물체를 손가락으로 가리키고 있었다. 난파선인가? 강사와 함께 서서히 그 물체로 다가갔다. 어머나. 이건 비행기? 거대한 비행기가 바다 속에 침몰해 있다. 어찌된 영문일까. 심지어 침몰해 녹슨 비행기의 조종석에는 해골 모형이 조종대를 쥐고 있었다.

　두 번째 다이빙은 20~30분 정도 휴식을 취한 뒤 시작됐다. 첫 번째 다이빙에서 필요한 요령들을 터득한지라 거침없이 물 속으로 뛰어 들었다. 수많은 열대어와 이름 모를 물고기들. 바다 거북이를 혹시 만나지 않을까 주위를 둘러보는데, 이번엔 탱크가 나타났다. 탱크가 바다 속에 잠들어 있다니. 비행기라면 불행한 사고로 바다 속에 처박혔을 수도 있다고 생각했지만, 탱크는 바다에 버려질 일이 좀처럼 없지 않은가. 탱크는 비행기에 보다 더 오랜 시간 바다 속에 파묻혔던 것 같다. 군데군

데 녹이 쓴 표면과 포구 위에 자리 잡은 산호초들은 탱크의 오랜 수중 생활을 말해 주고 있었다.

물으로 나와 바다 속 탱크와 비행기에 대한 얘기를 들었다. 탱크는 1967년 발생한 제3차 중동전쟁 시기쯤 수장됐다고 한다. 이에 대해서는 두 가지 설이 있는데, 하나는 요르단과 이스라엘이 전쟁을 벌이다가 탱크가 물에 빠졌다는 얘기가 있고, 또 하나는 3차 중동전쟁 이후 요르단 왕이 '더 이상의 전쟁은 없다'는 다짐으로 탱크를 바다에 빠뜨렸다는 설이다. 그리고 이 탱크가 유명세를 얻기 시작하면서 다이버들이 모두 아카바 홍해로 몰리자, 요르단에서 비행기와 헬기, 장갑차 등을 물에 빠뜨려 '수중 군사 박물관'을 만들었다고 한다. 나는 비행기와 탱크밖에 보지 못했지만, 더 깊은 물속으로 들어가면 장갑차와 헬리콥터 등 다양한 전략물자를 볼 수 있을 것이다.

04

니하오,
나사렛 소녀들

#구연

쫄림의 연속이었던 다이빙을 마치고 호텔로 돌아와 옷을 벗다가 그대로 곯아 떨어졌다. 눈을 떴을 땐 어느덧 정오를 넘겼다. 눈을 비비고 멍하니 침대에 앉았는데, 순간 공간이 낯설었다. 아니, 공간이 낯설다기보다 공간에 덩그러니 앉아 있는 내가 낯설다는 표현이 더 맞을 수도 있겠다. 쉴 새 없이 떠들던 내 입은 열병에 꼼짝없이 누워 있어야만 하는 개구쟁이 소년과 같은 처지였다. 윗입술과 아랫입술이 마주 붙어 있다는 게 새삼스러울 정도였고, 적막한 공기는 견디기 힘든 것이었다. 에

잇, 일단 씻자. 입술에서 소금기가 묻어났다.

혼밥을 하려니까 입맛도 좀 떨어지는 것 같았다. 이 자식은 잘 갔다는 말도 없네. 괜히 광일이가 야속해 속으로 뇌까렸다. 흥이 급격히 떨어지자 만사가 귀찮아 호텔에서 간단하게 끼니를 때우기로 했다. 차라리 출렁이는 바다라도 보면 마음이 나아질 것 같아 해변에 위치한 레스토랑으로 나갔다. 태양은 여전히 이글거렸고, 파도는 심심하게 백사장을 덮으며 부서졌다. "Hey, you!" 그때 나를 부른 건 린. 22살 무슬림 여성이었다. 몸집이 작아 소녀 같이 보이기도 했다. 옆에는 그의 동생과 어머니도 함께 있었다.

그들을 처음 만난 건 어제, 호텔 로비에서였다. 여느 후진국의 공무원보다도 일처리가 늦었던 호텔 데스크에서 체크인을 기다리고 있는데 "니하오~"라고 누군가 옆에서 말을 건넸다. 이런 일이 어디 한두 번이랴. 무심코 쳐다봤는데, 린이 환하게 웃으며 손을 흔들고 있었다. 그녀 옆에는 앳돼 보이는 소녀들이 네 명이 있었는데, 모두 친척이라고 했다. 엄마와 할머니 그리고 여성 친척들끼리만 여름휴가를 왔단다. 이들은 이스라엘에 사는 무슬림들이었다.

내가 한국에서 왔다고 하자, 린과 동생들은 어눌하지만 충분히 알아들을 정도의 발음으로 "안녕하세요"라고 인사했다. 우리가 고개를 숙여 답례하자, 그들은 자신들의 한국어가 통했다는 사실에 손뼉을 치며 좋아했다. 이런 생기발랄함에 우리는 삼촌들처럼 허허 웃으며 어디서 한국말을 배웠냐고 물으니, 한국 드라마와 케이팝(K-POP)에서 한국말을 배웠다고 한다. 드라마 '도깨비'부터 '꽃보다 남자'까지. 우리도 모르는 드라마 이름을 나열하며 '한국인은 처음 봤다'고 호들갑을 떨었다. 한국 드라마와 케이팝이 진짜 인기가 많긴 많나 보다. 일행 중 가장 막내인 16세 소녀는 블랙핑크의 노래 '뚜두뚜두'를 흥얼거리며 춤을 보여 주기도 했다.

우리는 나란히 앉아 식사를 같이 했다. 내가 특별히 전할 수 있는 한국 연예계 소식이 없을까. 아주 최근 소식을 전한다면 솔깃하겠지. 오늘 아침 포털사이트 실시간 검색어를 장악하고 있었던, 그래서 내가 알 수 있었던 한 연예인 커플의 이혼 얘기를 꺼냈다. 린과 동생들의 눈빛은 잠시 초롱초롱해졌다.

> 🧑 그거 알아? 지금 한국에서 난리야.
>
> 👤 린과 동생들: 뭔데, 뭔데?
>
> 🧑 안재현, 구혜선이 이혼한대!
>
> 👤 린과 동생들: 아~ 그거 우리도 다 알아.

아니, 어떻게 알지? 그들은 안재현-구혜선 관련 영어 기사를 보여주면서 "우리도 다 봤지"라고 골리듯 말했다. 심지어 나도 모르던 그들의 내밀한 이혼 경위까지 세세히 알고 있었다. 우쭐거리려던 세 치 혀는 벙벙해졌다. 그때부터 나는 그들에게 한국 드라마와 케이팝의 역사, 인기차트 100곡 등에 대한 1시간 짜리 강의를 들었다. 한국 본토 출신으로서 체면을 지키기 위해 나도 알고 있었다는 듯이 맞장구를 쳐주기도 했는데, 사실 처음 듣는 내용이 태반이었다.

한국 드라마와 케이팝 얘기가 다 소진되면서 자연스럽게 서로에 대한 문화 얘기로 넘어갔다. 왜 너희는 다른 무슬림처럼 히잡이나 부르카를 쓰지 않느냐고. 발렌타인에서 만난 여인들에게 직접 물어보지 못해 웅어리졌던 질문이었다.

> (icon) 린: 왜 우리만 그런 걸 써야하지? 우리도 남자와 똑같잖아.

　사실 상식적인 대답인데, 그런 말을 무슬림 여성으로부터 들었다는 사실은 고구마 100개를 먹은 가슴에 사이다 한 병을 단숨에 마시는 쾌감을 줬다. 저 짧은 대답은 많은 것들을 내포하고 또 상징하는 것 같았다. 린과 가족들은 아카바는 매년 찾는 단골 여행지라며 내년에도 이곳에 올 것이라고 했다. 다음에는 한국으로 놀러오라고 했다. 한강에서 라면 먹기, 경복궁에서 한복 입기를 꼭 해보고 싶다는 소원을 들어주고 싶다.

　서너 시간을 떠들던 린과 동생들이 떠나고, 나는 바다와 가장 가까이에 마련된 썬베드에 누워 요르단의 마지막 시간을 보냈다. 아무것도 하지 않고 떨어지는 햇볕이 반사되는 해수면과 춤을 추는 파도만 잠자코 바라봤다. 숨 가빴던 시간들, 뜻밖의 모험과 진기한 경험, 오감을 열어준 자연으로 가득했던 여행의 갈무리는 무수하게 쌓아 올린 광일과의 추억과 여행의 감동을 곱씹는 시간으로 채우고 싶었다.

"너희 둘이 가면 엄청 싸운다?!" 여행을 떠나기 전 가장 많이 들었던 말이다. 절친한 사이도 원수가 되어 돌아온다는 게 친구들의 여행이 아니던가. 하여튼 둘이서 무엇이든 지지고 복

고 다 해야만 했으니까, 만약 우리가 정말로 싸웠다면 진짜 난 감하고 막막했을 것 같다.

염려가 되긴 했다. 미지의 세계를 누비는 일은 나 홀로 감당 하기에도 때론 벅찰 때가 있다. 설렘과 흥분, 해방감의 이면에 낯선 것들에 대한 이질감과 경계심이 공존하기에, 여러 감정과 감상들이 뒤엉켜 섞일 때 우리는 평소의 우리가 아닐 수 있다. 더 많이 웃고 흥분하고 자유로워지는 만큼 더 많이 이기적이고 욕심을 부리고 싶은 마음도 덩달아 따라올 때가 있다는 사실을 알고 있다. 체력마저 바닥난다면, 예상치 못한 변수들로 위험 에 빠진다면, 누구나 한순간에 민낯을 드러내기 마련이다.

그래도 우린 결국 함께 떠나왔다. 살인적인 취업난을 뚫고 사회에 아장아장 걸음마를 함께 시작한 동료이자, 복잡다단 요 지경 세상 속 든든한 뒷배였던 우리는 이번에도 새로운 현장에 함께 뛰어들기로 한 것이다. 끓어오르는 여름날에 아이스 아메 리카노 한 잔, 텁텁한 미세먼지가 점령한 도시에 시원한 맥주 한 잔을 나눴던 우리들의 이야기가 낯선 땅 요르단에서도 계속 됐으면 하는 바람으로 말이다.

다행히 우리들의 이야기는 요르단에서도 막힘없이, 또 거침없이 흘렀다. 앞으로도 흐를 것이다. 샘물이 터져 강으로 흐르고, 흐르는 강물이 굽이치는 물길을 따라 바다로 나아가듯 우리의 삶도 부딪치고 때론 돌아가면서 함께 흘러 늙어가겠지. 그렇게만 된다면 바랄 것이 없겠다. '가깝게 오래 사귄 사람', 친구(親口)라는 말이 한 편의 영화처럼, 한 편의 소설처럼 다가오는 이 시간 우리들의 마지막 이야기 홍해에 띄워 보냈다.

광일이 이집트로 떠나기 전, 수영장에서 린의 가족을 조우했을 때 찍었던 사진이다.
뒷줄에 광일, 린의 어머니, 린이 있고, 앞줄에 린의 사촌동생과 구연이 있다. (왼쪽부터)

5

6

붉은 사막 와니럼

바다와 사막,
반전의 이집트

01

파리 떼 습격사건

영상으로 보기

#광일

🙂 어떻게 해야 여기서 와이파이를 잡을 수 있나요? 비밀번호가 따로 있나요?

👤 휴게소 종업원 : 불가능합니다. 여긴 사막이잖아요. 도시가 아니고.

통쾌한 우문현답에 헛웃음이 나왔다. 그렇지, 여긴 사막이지. 사막에서 무슨 와이파이야······. 스마트폰에 떴던 '와이파이 신호가 감지된다'는 안내 메시지는 그냥 오류였던 것 같다.

이곳은 이집트 동부의 사막 한복판. 도로 중간에 마련된 휴게소다. 물론 말이 휴게소지, 우리나라 고속도로 휴게소 규모의 1/5쯤 될까, 상점 3개를 붙여 놓은 수준의 작은 건물이었다.

나흘 전 홀로 요르단을 떠난 나는 홍해를 끼고 있는 이집트의 휴양도시, 후르가다에서 4박 5일을 보냈다. '다이버들의 성지'라고 불릴 만큼 천혜의 수중경관을 자랑하는 곳이었다. 거기서 한인업체 강습을 받아 '오픈 워터'라는 스쿠버다이빙 초급 자격증을 취득한 뒤 역사도시 룩소르행 고속버스에 몸을 실었다.

와이파이 연결에 실패한 나는 우두커니 앉아 무얼 할까 고민하다, 결국 사진을 찍기로 했다. 마침 붉은 해넘이가 예쁘게 찍힐 시간이었다. 그러나 워낙 황량한 사막이라 찍을 게 없었다. 푸석푸석한 황색 자갈과 길게 뻗은 2차선 고속도로 외에는 프레임 속에 잡을 아이템이 없었다. 어쩌나, 그렇다면 내가 직접 피사체가 될 수밖에. 버스에 오르던 현지인 '누님'을 붙잡아 잠시 카메라를 맡겼다.

'빵~, 빵빵~, 빵빵빵빵.' 그때, 버스에서 난데없이 경적소리가 울렸다. 출발 시각이 임박했다는 걸 알리는 신호였다. 하여 나도 카메라를 받아들고 버스 입구로 들어섰다. 그런데 그때 정체 모를 퀴퀴한 냄새가 일순간 코를 찔렀다. 락스 냄새 같기도 하고, 장마철 덜 마른 빨래 냄새 같기도 하고……. 더 놀라운 건 눈앞에 펼쳐진 버스 내부 모습이었다. 손톱만한 크기의 검은 벌레 수십, 아니 수백 마리가 비좁은 버스를 사방팔방 헤집고 있었다. 일정한 규칙 없이 발광하던 이놈들의 정체는 바로 파리 떼. 벽에, 창문에, 그리고 의자에 다닥다닥 붙어있던 건

낯익은 왕눈이들이었다.

버스에 먼저 올라있던 사람들은, 팔을 연신 가로저어 자꾸만 몸에 붙으려는 그들을 쫓고 있었다. 아니, 발버둥치고 있었다. 근데 도대체 왜, 어떻게 들어온 걸까. 소설 같은 가정들이 자꾸 머리를 스친 건 눈앞에 벌어진 상황이 도저히 이성적으로 납득되지 않았기 때문일 것이다. 누군가가 꿈쳐 둔 간식 냄새가 차창 밖으로 새어나갔던 걸까. 아니 아무리 그래도 말이 안 된다. 사막에 이렇게 파리가 많다고?

몸이나 잠깐 기댈까 하고 창문을 바라봤다. 젠장, 여기도 수십 마리가 마치 수박씨 같이 군데군데 붙어 있다. 아휴……. 파리는 머리에, 다리에, 그리고 옷 위로 줄기차게 붙어댔다. 양손은 쉬지 않고 손사래를 쳤지만 그때마다 파리들은 바로 옆에 사뿐히 옮겨 앉을 뿐이었다. 버스 밖으로 내보내고 싶었지만 차창은 통유리라 아예 열 수 없게 돼 있었다.

5분쯤 지나자 버스는 서서히 움직이기 시작했다. 상황은 그대로였다. 사람들은 몸에 붙은 파리를 쳐내기 바빴고 뒤에서는 으아앙, 하는 아이 울음소리가 정신을 흐트러뜨렸다. 그야말로

난장판이다. 그런데 그냥 이대로 출발한다고? 파리 떼 이렇게 그대로 싣고? 버스 기사에게 멈추라고 항의할까 잠시 고민했지만, 실행에 옮기지는 못했다. 언어가 통하지 않을 게 뻔했다. 외려 승객들은 점차 상황을 받아들이는 모습이었다.

그런데 의아하게도, 파리는 곧 하나둘 사라졌다. 대부분이 종적을 감추기까지는 30분쯤 걸렸다. 어디로 간 걸까? 달리는 차에서 왜, 어떻게 빠져나갔는지는 여전히 미스터리다. 발밑에선 히터가 아주 뜨겁게 틀어졌고 머리 위로는 에어컨이 마찬가지로 세게 나왔는데 그 영향을 받았던 것 같다. 열려 있던 앞뒤 출입문으로 빠져나갔나 보다.

02

룩소르 최고의 사기꾼

#광일

가난한 배낭여행자들의 성지. '밥 말리 쉐리프 호스텔'에 대한 어느 블로그의 소개다. 내가 관광도시 룩소르의 기라성 같은 고급 호텔을 제쳐두고 이곳을 낙점한 이유는 바로 이 한 마디에 있었다. 시선이 좀 후져도 잠자리가 좀 불편해도 주인댁의 따스함과 여행자들의 팔팔함을 느끼고 싶었다. 원래 '남다른 에피소드'는 이렇게 엉성하지만 빈틈 많은 곳에서 피어난다고 믿는다. 가난한 여행자들이 주로 찾는 곳이라면 대개 그럴 공산이 크다. 더욱이 한국 돈 7천원에 1박을 해결할 수 있다고 하니 더 고민할 이유가 없었다.

이곳에 짐을 풀고 시계를 보니 어느덧 밤 9시. 뭔가 새로운 도전을 벌이기엔 늦은 시각이지만 허기를 핑계로 방을 나섰다. 다행히 도심은 아직 잠들지 않고 있었다. 요란한 오토바이들은 차도와 인도의 불분명한 경계를 복잡스레 누볐고, 여차하면 팔 끝에 닿을 듯 스치며 적당한 긴장감을 불러 일으켰다.

얼마 가지 않았을 때 40대쯤 돼 보이는 현지인 남성이 다가 왔다. '아흐만'이라고 했다. 그는 "아까 숙소에서 자신을 보지 않았느냐"고 말을 붙인 뒤 따라오기 시작했다. 그러나 여행지 에서 '공짜 호의'는 없는 법. 이때 '철벽' 치고 빠져나왔어야 했 건만 어느새 일일이 대꾸하고 있었다. 그의 능청과 말 돌리기 기술이 뛰어난 것도 사실이지만 어쩌면 더 큰 문제는 '내 지갑 은 쉽게 열리지 않을 것'이라는 예단에 있었을 게다. 이후 길을 걷다 우연히 밥말리 호스텔 알바생과 마주쳤다. 반가운 마음에 손을 들어 인사했지만 어째 그의 표정이 밝지만은 않았다. 대 수롭지 않게 여기고 지나쳤는데, 그때 알아챘어야 했다. 그가 보낸 수심 어린 표정이 바로, 아흐만과의 동행을 주의하라는 경고였음을.

   룩소르 야시장은 유난히 소란하고 어수선했다. 곳곳에선 어딘가 알싸한 지린내가 코를 찔렀다. '저기까지만 따라간 뒤 제 갈 길 가겠다'던 아흐만의 약속도 지켜지지 않았다. 그는 외려 내 가족에 대해, 여자친구에 대해, 이번 여행의 의미에 대해 묻고 또 물었다. 질문이 고갈되자 이번엔 자기소개를 늘어놨다. 무제한 토론을 통해 의사진행을 방해하기. 흡사 국회에서 보던 '필리버스터' 전략이었다. 귀찮고 피곤했지만 아직까진 구체적인 피해가 없고 특별한 제안을 내건 것도 아니었던 터라 일단은 그러려니 했다.

   그러다 골목 끝에서 작은 축제를 목격했다. 좁은 길에 늘어선 한 무리의 사내들이 북소리에 맞춰 어깨춤을 추고 있었다. 쿵쿵딱, 쿵딱, 쿵쿵딱, 쿵딱…… 20명은 족히 넘었던 것 같다. 빠른 장단에 맞춰 대개는 박수를 쳤고 더러는 팔을 위쪽으로 쭉쭉 뻗었다. 결혼 피로연 중이라고, 아흐만이 설명했다. 몇몇이 내게 그들 사이로 들어오라는 손짓을 보냈다. 혹시 실례가 될까 싶어 주저하던 나는 턱시도 빼입은 신랑까지 나서서 재촉하자 못 이기는 척 합류했다. 이어 그들 가운데로 들어갔다. 그 중 한 명과 두 손을 맞잡고 빙글빙글 돌았다. 함성소리는 더 커졌다. 지구 반대편 사람들과 교감했던 잊지 못할 순간이었다.

그 뒤 아흐만에게 이끌려 근처 카페로 향했다. 흰 연기가 모락모락. 줄지어 앉은 현지인 남성 10여명이 모두 '시샤'를 뻐끔 뻐끔 피우던 곳이었다. 자리에 앉자 아흐만은 곧이어 '하이비스크스'라는 차를 한 잔씩 주문했다. 몸을 깨끗하게 만들어주는 전통차라고 했다. 그래, 노력이 가상하니 한 잔 사마.

곧 이어 나온 플라스틱 컵에는 검붉은 액체가 가득 채워져 있었다. 이내 한 모금 꿀꺽. 꽤나 식어있었지만 시큼한 향이 나쁘지 않았다. 그때 아흐만이 물었다. "하이비스크스 어때?" 그제야 알았다. "나, 이거 알아. 히비스커스!" 한국의 카페에서도 루이보스, 페퍼민트와 함께 메뉴판을 채우고 있던 그거였다.

현지에서 맛본 히비스커스는 훨씬 더 깊은 맛을 냈다. 한 가지 걱정되는 건 사전에 가격을 묻지 않았다는 점이었다. 이제와 덤탱이 씌우면 어쩌나. 불안한 마음에 좀처럼 맛에 집중하지 못했다.

> 이제 가자. 계산서 좀 달라고 해 봐.
>
> 아흐만 : 아니야. 계산은 내가 이미 했어. 현지인이 사면, 네가 사는 것보다 훨씬 싸거든.
>
> 헐……. 네 돈으로?

의심했던 게 미안해진 순간이었다. 호스텔 앞에서부터 여기까지 거의 1시간 가까이 나를 따라다니며 안내해 준 환대를 그저 사기 전략쯤으로 치부하고 있었다니. 반성하는 차원에서 맥주는 내가 사겠다고 제안했다. 이집트에서 둘째가라면 서러운 맛이라는 이른바 '스텔라' 맥주를 사기 위해 다시 얼마간을 걸었다.

아흐만은 내 지갑에서 100이집트파운드짜리 지폐 2장, 우리 돈으로 1만 5천원쯤 되는 돈을 건네받았다. 그리고는 현지인 가격으로 싸게 사려면 어쩔 수 없다며 나를 세워둔 채 혼자 상점에 다녀왔다. 그가 말을 바꾸기 시작한 건 그때부터였다. 한 병에 70파운드라던 맥주 가격은 느닷없이 2배로 불어났다. 일부는 자기 돈으로 계산했으니, 돈을 더 받아야 한다는 엉뚱한 주장을 내놨다.

하하, 드디어 본색을 드러내시는 군. 황당한 말장난에 울화가 치밀었다. '개자식…….' 그러나 이제 와 어쩌겠나. 내 손을 떠나는 순간 그때부터 그건 내 돈이 아닌 것을. 하지만 물러서고 싶지 않았다. 아흐만과 나는 숙소까지 걸어가면서 이렇게 30분 이상을 티격태격했다. 돈을 내놓으라고, 서로 끝까지 고집 부렸다. 그런 내게 아흐만이 마지막으로 내놨던 제안은 '춤추는 곳'에 함께 가자는 것이었다. 당장에 들은 체도 하지 않았지만 '여성들이 옷을 입지 않는 곳'이라는 추가 설명이 나온 뒤부터는 정말 한 대 치고 싶다는 생각 밖에 들지 않았다. 물론 여긴 룩소르, 내 편이 있을 리 없다. 화를 일으키지 않으려면 더 신중할 수밖에 없었다. 두 눈 질끈 감고 한숨 크게 쉬는 걸로 털어버릴 수밖에 없었다.

그러나 아흐만은 거기서 그치지 않았다. 끝내 숙소 앞까지 쫓아왔다. 더 황당한 건 그 다음에 벌어진 일이었다. 밥 말리 호스텔에 도착하자 그는 느닷없이 현관 안으로 뛰어 들어가 행패를 부렸다. 먼저는 카운터 안에 있던 알바생 청년 쪽으로 달려들었다. 아까 밖에서 마주쳤을 때 내게 수심어린 눈빛을 보냈던 그 청년이었다. 당황한 알바생의 동그란 눈망울엔 금세 눈물이 고였다.

상황을 정리한 건 잠시 뒤 나온 주인아저씨였다. 아흐만은 자신보다 덩치가 2배나 큰 주인을 보고 슬슬 뒷걸음질 쳤다. 이후 흥분한 주인이 창고에서 팔뚝만한 몽둥이를 들고 나오자 그제야 골목 저편으로 사라졌다. 나중에 들어보니 아흐만은 청년에게 '아까 그 눈빛이 기분 나빴다'며 시비를 걸었다고 한다. 그 이상의 설명을 들을 순 없었지만, 짐작컨대 자신을 경찰에 신고하지 말라는 경고를 나와 호스텔 측에 보낸 게 아니었을까 싶다. 끝까지 아주⋯⋯. 진상 중에 이런 진상이 없다. 휴⋯⋯.

그래도 그나마 밥 말리 호스텔, 바로 이 가난한 여행자들의 성

지가 이 최악의 도시에서 날 살렸다.

룩소르 도심

03

머드 샤워

#광일

해가 밝았다. 나는 가방 깊숙이 접어놨던, 아껴뒀던 새 옷을 꺼냈다. 요르단과 이집트를 닮은 누런색 셔츠였다. 디자인이 살짝 요란해서 평소에 입기엔 부담스럽지만 여행 중 멋을 내고 싶을 때 입을 생각으로 백화점에서 큰 맘 먹고 질렀던 옷이다. 앞서 요르단 페트라에서 처음 입었으니 오늘이 두 번째다.

오늘의 컨셉은 6천 년 전 고대 문명으로의 시간 여행이다. 룩소르의 주요 유적지를 효율적으로 돌기 위해 단체 가이드 투어를 신청했다. 가이드는 현지인이지만 한국말을 쓴다고 했다.

집결지는 룩소르 기차역이었다. 어젯밤 룸메이트로 들어온 한국인 청년 승한과 함께 숙소를 나서 한참을 걸었다.

드디어 저편에 보이는 기차역. 최악의 사건이 벌어진 건 그때였다. 느닷없이 하늘에서 물이 튀었다. 갑자기 비가 올 리는 없고, 에어컨 냉각수일까. 알 수 없는 물세례에 승한과 나는 꼼짝없이 멈춰 섰다. 가던 길 계속 가기에는 물의 양이 너무 많았다. 그리고는 물이 떨어진 곳, 팔뚝을 바라봤다. 이게 뭐지? 청록색으로 범벅이 된 모습에 경악했다. 어떤 부분은 이미 마르고 굳어서 살짝 잿빛까지 돌았다.

진흙이었다. 건물 위를 바라봤다. 4층에 20대쯤 돼 보이는 청년 서너 명이 고개를 빼꼼히 내밀고 있었다. 너희가 범인이구나. 그러나 이들 중 누구도 사과의 뜻을 내비치진 않았다. 기분 나쁜 미소로 자기들끼리 수군거릴 따름이었다. 눈앞에 펼쳐진 너무나도 비현실적인 상황 앞에 나는 잠시 할 말을 잃었다. 결국 승한과 함께 발길을 돌렸다. 쿨 하게 인사하고 나왔던 밥말리 호스텔로 다시 후퇴했다.

몸 오른쪽에 대부분의 진흙이 묻어 있었다는 건 샤워를 하면서 깨달을 수 있었다. 밖으로 나와서 승한에게 물었다. 그는 반대로 유독 왼쪽에 많이 맞았단다. 아……. 의심은 여기서 시작됐다. 애초에 우리 쪽을 의도적으로 겨냥한 게 아닌가. 출근 시간 수많은 현지인이 오가는 기차역 주변에서 별안간 진흙이 투척됐는데 그걸 하필 동양인이 맞았다고? 그것도 정확히 두 명 사이로 떨어졌다고?

인종 차별을 직감했다. 그러자 뒤늦은 자책이 마음에 울렸다. 왜 그 자리에서 항의하지 못했을까. 어쩌면 일찌감치 알았지만 스스로 인정하고 싶지 않았던 건 아닐까. 물론 섣불리 나서지 않았던 게 외려 다행이었단 생각도 든다. 흥분한 상태로 쫓아 올라갔다면 진짜 무슨 일이 벌어졌을지 모를 일이다. 다행히 나는 마음을 차분히 가라앉힌 뒤 온종일 가이드 투어를 따라다녔다. 그리고 해가 저문 뒤 야간열차에 몸을 맡겼다. 마지막 목적지는 카이로였다.

룩소르 서안에서 마주한 멤논의 거상

대책 없이, 요르단

04

모처럼 따뜻한 환대

영상으로 보기

#광일

　알다시피 피라미드는 삼각뿔 모양이다. 태양이 지면과 수직을 이루면 전면을 한 번에 비출 수 있다. 그러나 조금이라도 한쪽으로 기울어지면 반대 쪽 사면에는 응달이 생긴다. 관람객들은 보통 그쪽에, 그늘에 모여 있다. 내리쬐는 햇볕과 타는 듯한 더위를 피하기 위해서다. 3개의 피라미드가 나란히 늘어선 이곳 '기자' 지역 피라미드. 그 중 가장 큰 '쿠푸왕 피라미드'의 서쪽 사면은 이 때문에 오전이면 '폭염 대피소'가 된다. 특히 하층부의 돌과 돌 사이 빈틈은 은근히 선선하고 조용해서 수면실로

대책 없이, 요르단

쓰이고 있다. 몸뚱이 비집고 들어갈 크기의 공간은 많은 관람객들이 이미 점하고 있었는데 오늘은 그 중 한 명이 나였다.

　30분쯤 잤을까. 사실상 풍찬노숙이었지만 나름 '꿀잠'이 됐다. 더위에 너무 지쳐서 그냥 뻗어버렸던 건지도 모르겠다. 잠에서 깨어 몸을 뒤척이는데 발밑에 누워있던 한 남성이 말을 걸어왔다. 얼굴은 멀끔했으나 청바지에 청재킷을 입은 '패션 테러리스트'였다. 자신을 '맥디'라고 소개했다. 그는 호기심 어린 눈으로 내게 이것저것 물었다. 하나하나 친절하게 응하다가 "이집트가 좋았냐"는 평범한 질문에 선뜻 답하지 못했다. 어제 룩소르에서 당했던 '진흙 사건'을 그에게 일렀다.

　　🧑 이집트 사람이 다 그런 건 아니라고 생각하지만 그건 너무 기분이 나빴어.

　　👤 맥디 : 미안해. 정말 유감이야. 그래도 한국에 돌아가서 좋은 얘기만 해줬으면 좋겠어.

　　🧑 생각해 볼게. 너는 그래도 말이 좀 통하는 것 같네.

　　👤 맥디 : 아, 사실 난 공무원이야. 관광청에서 나왔어.

에이, 퍽이나. 믿을 수가 없었다. 스핑크스 귀퉁이에서 하릴 없이 잠자던 네가 관광청 공무원이라고? 어쩜 사기 기술도 이렇게 창의적일까. '비즈니스 하려는 게 아니다'라는 식상한 공식 멘트도 역시 빠지지 않았다.

내가 자꾸 눈을 흘기자 그는 자신의 가방을 뒤지기 시작했다. 부스럭부스럭 거리더니 이내 조막만 한 조형물을 꺼냈다. 피라미드를 형상화한 삼각뿔 형태로 각종 장식이 그려져 있었다. 흙을 구워 만들었는지 단단하진 않았다. 맥디는 이 조형물 3개를 크기순으로 죽 늘어놓았다. 이곳 쿠푸왕 피라미드를 비롯한 기자 지역의 3개 피라미드를 상징하는 모양이었다. 그걸 나더러 가지라 했다. 가방에 있던 현지식 흰색 두건도 포장을 뜯더니 내 머리에 둘러줬다. 이래 놓고 또 돈을 요구하는 건 아닐까 싶어 연신 거절했지만 막무가내였다. 그리고는 '피라미드에 왔으면 내부는 꼭 보고가야 한다'며 주변에 있던 작은 피라미드로 이끌었다. 원래는 유료 관람인 곳이지만 그가 신분증을 내밀었더니 나까지 공짜로 들어갈 수 있었다. 그러자 걸어 잠갔던 내 마음의 빗장도 조금씩 풀리는 것 같았다.

물론 그랬던 맥디도 헤어질 무렵엔 돈을 요구했다. 집에 있는 아이들을 위해서란다. 아휴, 그럼 그렇지, 너도 어쩔 수 없구나. 다만 그는 좀 달랐다. 내가 언짢은 기색을 내비치자 그는 금세 자신의 말을 주워 담았다. 돈을 꺼내는 게 내게 불쾌한 일이 된다면 그건 자기가 바라는 바가 아니라며, 정중히 사양했다.

맥디까지 그렇게 손을 내미는 모습을 보면서 생각을 좀 고쳐먹게 됐다. 어쩌면 이곳 사람들이 환대와 돈을 교환하는 방식이 그동안 내가 생각했던 규칙과 좀 달랐던 게 아닐까. 관광객에게 팁을 받는 게 그냥 자연스럽게 받아들여질 수도 있지는 않을까. 그게 적절한지는 별론으로 하고, 행위 자체는 어느 정도 이해해 줄 수도 있지 않을까. 그런 생각에 나는 50이집트 파운드짜리 지폐를 꺼냈다. 현금이 충분히 있었다면 더 꺼냈을지도 모르겠다. 그냥, 복잡한 이집트에서 이런 사람 하나 남겼다는 게 기뻤고 그렇다면 한국 돈 4천 원 정도면 크게 아깝지 않았다.

자, 여기까지가 나의 이집트 여행기다. 피라미드 앞 KFC에서 징거버거를 먹고, 카이로 박물관에서 미라의 숨결을 느낀 뒤 짧았던 마지막 밤을 보냈다. 그리고 아부다비를 경유해 한국으로 돌아왔다. 이집트 일정까지 구연과 함께 했다면 더 좋았겠다는 아쉬움은 남는다. 그랬다면 추억도, 사진도 더 많이 공유할 수 있었겠지. 무엇보다 사기꾼 아흐만을 만날 일은 없었을 게다.

고생은 고생대로 했지만 그 자체가 내겐 의미 있는 경험이었다. 행복을 찾아가는 근육을 조금 더 단단히 키웠을 것이다. 여기서 만난 사람들도 잊을 수 없다. 매일 같이 홍해 깊은 곳에 몸을 내던지는 한국인 다이버들의 순수함과 룩소르와 카이로에서 만난 고대 이집트인들의 숨결 역시 하나도 놓치고 싶지 않다. 언젠가 다시 올 수 있다면 여기저기 숨겨진 역사의 스토리까지 남김없이 정복하고 싶다.

\# 바다와 사막, 반전의 이집트

한 편의 소설,
한 편의 영화

 # 광일

드르륵, 드르륵, 드르륵……. 끊임없는 진동이 캄캄한
새벽을 깨웠다. 새벽 4시로 맞춰둔 스마트폰 알람은 한
치의 오차도 없이 정각에 울렸다. 구연과 맥주 한 잔 하
며 두런두런 얘기 나누다 잠든 게 불과 2시간 전. 천근만
근 눈꺼풀을 겨우 밀어 올렸다. 그리고는 뻐근한 몸을 일
으켜 씻고, 불 꺼진, 그래서 캄캄한 방에서 서둘러 나갈
채비를 했다. 슬금슬금. 가급적 소리는 내지 않으려 했

다. 곤히 잠든 구연을 깨우기가 미안해서였다. 그러나 부스럭거리는 소리가 이어지자 구연은 결국 눈을 떴다. 아이고, 민망했다. 하지만 솔직히 그것도 나쁘지 않았다. 혼자 나가기가 너무 적적해서, 어쩌면 그래서 내가 작은 소음을 일부러 냈던 것인지도 모르겠다. "인마, 형 간다. 자라." 짧은 인사를 건네고서 호텔을 나섰다. (후에 들어보니 구연은 이렇게 잠결에 인사 나눴던 사실을 기억하지 못한다고 했다. 멍청한 놈이다.)

새벽과 아침이 교차하는 오전 5시 30분. 주차장에서 차를 몰고 나와 공항으로 향했다. 분주했던 어제와 달리 조용하고 한산하다. 어떻게 이렇게 개미 새끼 한 마리 뵈지 않을까. 이 도시, 아카바를 조금이라도 더 기억하고 싶은 미련에, 차창을 열었다. 그러나 바람이 유난히 시렸다. 하여 오래 열어 둘 수 없었다. 쓸쓸한, 그래서 쓸쓸한 뒷맛이 남았다. 곧이어 도착한 공항에 푸조 렌터카를 반납한 뒤 프로펠러 달린 작은 비행기에 몸을 실었다.

이어 1시간 만에 도착한 곳은 다시 암만 공항이었다. 그나마 한 번 와 봤던 곳이라고 마음이 좀 놓인다. 여행 첫날, 이곳에 요르단의 첫발을 댔을 때 그때의 설렘이 생생하게 떠오른다. 구연과 함께 이쪽에서 짐을 찾고, 저쪽에서 환전을 하면서 들떠 있었던 그날의 표정을 기억했다. 초장부터 고단수 장사치들을 만나 곤란을 겪기도 했지만, 지난 일주일, 우리는 이 척박한 곳에서 아웅다웅하며 여기까지 걸어왔다.

솔직히 한 번은 싸울 줄 알았다. '여행의 극적인 전개를 위해서는 페트라에서 싸우고 와디럼에서 푸는 게 좋겠다'던 농담을 그냥 웃어넘길 수만은 없었던 이유다. 그러나 예상과 달리 우리는 충돌하지 않았다. 설렘과 흥분, 해방감이 서로의 감정을 상하게 하지 않도록 조금씩 노력한 결과가 아니었을까. 여하튼 '여의도 짝패'는 요르단에서도 훌륭한 콤비로 통했다. 덕분에 참 즐거웠고, 이 과정을 겪어내며 마음의 키가 한 뼘씩은 자랐으리라. 자격증을 딴 것도 아니고 눈에 보이는 성과물을 낸 것도 아니지만 어쩐지 뿌듯하다.

 #구연

"그 더운 데를 왜 갔어? 더워 죽으려고!" 새카맣게 타버린 아들의 얼굴을 보자마자 어머니가 건넨 첫마디였다. 등짝 스매싱도 맞았다. 도통 이해가 안 간다고, 가족끼리 유럽 같은 곳으로 놀러가면 얼마나 좋으냐며 한동안 잔소리를 늘어놓으셨다. 하기야, 그도 그럴 것이 폭염에 지친 심신을 달래고자 고안된 게 여름휴가니까. 서늘한 공기, 상쾌한 바람, 출렁이는 파도가 있는 곳으로 떠나도 모자랄 판에 요르단이라니. 더위를 피해 더 더운 곳으로 날아가는 일만큼 명청한 짓도 없다는 생각도 들었다.

그러나 명청한 짓을 기꺼이 함께 할 친구가 있다는 일이 얼마나 다행스럽고 소중한 것인가. 우리는 바보스러운 여행에 뛰어들어 누구도 예상할 수도 없었던 이야기 속으로 던져졌다. 덤벼드는 햇볕 속에서 매연과 소음으로 범벅된 거리를 걸었고, 시타델 언덕에 올라 어느 것 하나 모나지 않은 상아색 건물이 층층이 줄지어 있는 암만 풍경을 바라봤다. 사해의 부력은 80kg 몸뚱어리를 해수면에 둥둥 띄울 만큼 강한 것이었고, 와디무집 트레킹은 수백 년 세월의 흔적이 켜켜이 쌓인 계곡(Valley) 사이로 떨어지는 차가운 물줄기에 몸을 던지는 일이었다. 와디럼 사막은 디즈니 영화 '알라딘'을 상상하게 할 만큼 붉고 광활했고, 그곳에서의 비박(Vivac)은 별천지를 만나 황홀하고 포근했다.

우리의 여행이 끝날 무렵 한국은 더위가 한풀 꺾여 가을로 접어들 준비를 하고 있었다. 아카바에서 찢어졌던 우리는 일주일 뒤 국회에서 다시 만났다. 얼굴은 요르단에서 봤을 때보다 더 검게 그을린 것 같았다. 우리는 가볍게 서로의 안부를 묻고는 곧장 취재에 돌입했고 기사를 써 내려갔다. 일상으로 돌아오는 일은 허무할 정도로 순식간이었다.

여행이 끝나고 1년 가까이 시간이 흐른 지금도 우리는 가끔 그때 이야기를 한다. 요르단 경찰관에 붙잡혀 쩔쩔 맸던 얘기, 큰소리치다가 자동차 바퀴가 모래밭에 빠져 망신당한 얘기 등을 소환하다 보면, 어느새 자지러지게 웃고 떠드는 우리 모습을 발견한다. 그렇게 지난 여행의 추억을 일상에 단비로 뿌린다. 매캐한 암만의 공기, 대뜸 돈 달라던 노인의 성화, 오밤중에 개떼를 만나 식겁했던 야간 운전. 눈살 찌푸리고 식은땀을 흘리게 했던 기억마저 한 편의 소설, 한 편의 영화처럼 아름다웠다. 최악의 순간까지도 가슴으로 품고 아름다움을 노래하는 마음씨를 빚어내게 하는 힘이야 말로 여행의 신묘한 마법이 아닐까.

대책없이, 요르단
전체 플레이리스트